高等职业教育“十二五”规划教材
高职高专基础课程规划教材

高等数学基础解析与实训

（修订版）

主　编　白　健　温　静　倪　文
副主编　胡桂萍　左静贤　赵彦艳

U0259494

天津大学出版社
TIANJIN UNIVERSITY PRESS

内容提要

本书是天津大学出版社出版的《高等数学基础(修订版)》的配套实训教材，系根据教育部提出的培养“高端技能型应用人才”的最新培养目标，结合作者多年的高职数学教学实践和课改成果编写而成.全书共8章，按照《高等数学基础(修订版)》的章节顺序编排，主要内容包括：函数与极限、导数与微分、导数的应用、不定积分、定积分及其应用、线性代数等.

每节均由知识点归纳与解析、题型分析与举例、实训三部分组成.实训分为基础知识实训、基本能力实训和能力提高与应用实训三部分，突出基础性和应用性.

本书可作为高职高专理工科专业一年级上学期高等数学课程的实训用书，也可作为专接本复习参考书。财经类和文科专业亦可选用.

图书在版编目(CIP)数据

高等数学基础解析与实训 / 白健，温静，倪文主编. —修订本. —天津：天津大学出版社，2015.9（2018.8重印）

高等职业教育“十二五”规划教材 高职高专基础课程规划教材

ISBN 978-7-5618-5397-9

Ⅰ.①高… Ⅱ.①白… ②温… ③倪… Ⅲ.①高等数学—高等职业教育—教学参考资料 Ⅳ.①O13

中国版本图书馆CIP数据核字(2015)第203059号

出版发行 天津大学出版社
地　　址 天津市卫津路92号天津大学内(邮编：300072)
电　　话 发行部：022-27403647
网　　址 publish.tju.edu.cn
印　　刷 北京虎彩文化传播有限公司
经　　销 全国各地新华书店
开　　本 210mm×260mm
印　　张 10
字　　数 287千
版　　次 2015年9月第1版
印　　次 2018年8月第2次
定　　价 24.00元

前　言

《高等数学基础解析与实训(修订版)》是天津大学出版社出版的《高等数学基础(修订版)》的配套实训教材,是贯彻教育部关于高职院校要以培养“高端技能型应用人才”为目标的精神,根据教育部新制定的《高职高专教育高等数学课程教学基本要求》规划的高职高专数学系列教材之一,供高职高专理工科大学一年级上学期使用.

本书继承第一版的特色,注重数学思想与方法的培养,强调数学知识的应用,适应高职高专教育培养生产、建设、管理、服务需要的高端技能型专门人才的需要,充分吸收了作者近年来的教学心得和各用书单位的宝贵意见和建议,在内容编排、与教材内容互补等方面做了进一步的改进.

在编写过程中,充分考虑专业实际和发展需求,通过对教材中的基本概念、基本知识进行归纳和解析,突出解题思路和方法指导,使读者掌握双基,提高分析问题和解决问题的能力。每节设计了知识点归纳与解析、题型分析与举例、实训三个板块.

(1)在“知识点归纳与解析”部分,通过对本节教材中的基本概念、基本理论进行简要的归纳、提炼与解析,并指出对重要概念和定理在学习中所要注意的方面,帮助学生把握重点知识,理解知识间的内在联系.

(2)在“题型分析与举例”部分,典型例题选取力求深浅适度,既有易错、易混淆的概念题和计算题等基本题,也有较难的题,强调知识覆盖面,无论从题型、题量,还是从难易程度等方面都能恰到好处地反映高职高专院校高等数学课程教学的基本要求.通过对例题的分析,让读者了解更多的解题思路,从而提高分析问题、解决问题的能力.

(3)在“实训”部分,编排了三个层次的实训,分别是:实训1,基础知识实训;实训2,基本能力实训;实训3,能力提高与应用实训。通过实训,在帮助学生系统掌握基本知识的同时,更注重对学生获取知识和提高思维能力的培养,同时实现了后续教学和学生可持续发展(继续教育)恰到好处的结合。通过实训3,使高等数学更好地与专业课结合.

本书由河北建材职业技术学院白健、温静、倪文任主编,胡桂萍、左静贤、赵彦艳任副主编。写作分工如下:第1章由赵彦艳编写,第2章由温静编写,第3章由胡桂萍编写,第4章由倪文编写,第5章由白健编写,第6章由白健、赵彦艳编写,第7、8章由左静贤编写。全书由白健、胡桂萍规划设计,温静统稿并定稿.

本书在编写过程中,河北省教学名师朱玉春教授给予了大力支持,天津大学出版社和北京德鑫文化有限公司给予了热心帮助,专业课教学专家胡尚杰、郭志敏、王晓薇、王宙、都小菊、张淑欣、宁秀君等对教材规划提出了宝贵的意见和建议,在此一并表示衷心的感谢!在编写过程中,参考了一些相关书籍,详细书目列于书后,在此谨对这些书籍的作者表示诚挚的谢意!

限于作者水平有限,书中不足之处在所难免,敬请广大读者不吝赐教,提出批评意见,使之日臻完善.

2015年5月

实 训 评 价 记 录

系部：__________　　专业和班级：____________　　姓名：__________　　学号：_________

章节	实训一			实训二			实训三			单元评价
	实训分	答辩	总评	实训分	答辩	总评	实训分	答辩	总评	
1.1										
1.2										
1.3										
1.4										
1.5										
1.6										
2.1										
2.2										
2.3										
2.4										
2.5										
2.6										
3.1										
3.2										
3.3										
3.4										
3.5										
3.6										
4.1										
4.2										
4.3										
4.4										
4.5										
4.6										
4.7										
5.1										

(续上表)

章节	实训一			实训二			实训三			单元评价
	实训分	答辩	总评	实训分	答辩	总评	实训分	答辩	总评	
5.2										
5.3										
5.4										
5.5										
5.6										
6.1										
6.2										
6.3										
6.4										
6.5										
6.6										
6.7										
7.1										
7.2										
7.3										
7.4										
7.5										
8.1										
8.2										

说明:本表供教师评价学生实训成果使用. 评价等级为 A,B,C,D,E. 答辩通不过为 E,未做为 N.

目　　录

第 1 章　预备知识

1.1　集　合

1.1.1　知识点归纳与解析

1. 集合的运算是函数定义域表示的基础，理解集合的交、并、补的概念.

2. 熟练应用韦恩图或数轴方法进行集合的运算.

1.1.2　题型分析与举例

1. 集合的表示方法很多，如：列举法、韦恩图法以及数轴法.

例 1　设 $A=\{0,1\}$，$B=\{x|x\subset A\}$，试用列举法表示集合 B.

分析　本题的关键是子集与真子集的概念. 真子集不包括 $A=B$，另外空集是任何集合的子集.

解　$\varnothing$，$\{0\}$，$\{1\}$.

例 2　用列举法化简集合 $M=\left\{x\,|\,\dfrac{6}{3-x}\in\mathbf{Z},x\in\mathbf{Z}\right\}$.

解　$\{-3,0,1,2,4,5,6,9\}$.

2. 熟练集合之间的运算.

例 3　集合 $A=\{3-2x,1,3\}$，$B=\{1,x^2\}$，并且 $A\cup B=A$，那么满足条件的实数 x 的个数有几个？

分析　满足条件的表达式为 $3-2x=x^2$，解得 $x=-3$，或 $x^2=3$，解得 $x=\pm\sqrt{3}$，所以满足条件的 x 个数为 3.

1.1.3　实训

实训 1　基础知识实训

实训目的：通过该实训，进一步加深学生对集合基本概念的理解.

实训内容：

1. 用适当的符号（$\in$，$\notin$，$\subset$，$\supset$，$=$）填空.

(1)1 ____ $\mathbf{N}$；　　(2)0 ____ $\varnothing$；　　(3)$\{0\}$ ____ $\varnothing$；

(4)$\mathbf{R}$ ____ $\mathbf{N}$；　　(5)0 ____ $\{0\}$；　　(6)$\{2,1\}$ ____ $\{1,2\}$.

2. 设集合 $M=\{x|x<5\}$，$N=\{x|x>3\}$，那么“$x\in M$ 或者 $x\in N$”是“$x\in M\cap N$”的________条件.

3. 集合 $A=\{x|x\leqslant 1\}$，$B=\{x|x>a\}$，如果 $A\cap B=\varnothing$，那么 a 的取值范围是（　　）.

(A)$a>1$　　(B)$a\geqslant 1$　　(C)$a<1$　　(D)$a\leqslant 1$

4. 已知集合 $M\subseteq\{2,3,5\}$，且 M 中至少有一个奇数，则这样的集合 M 共有（　　）.

(A)5 个　　(B)6 个　　(C)7 个　　(D)8 个

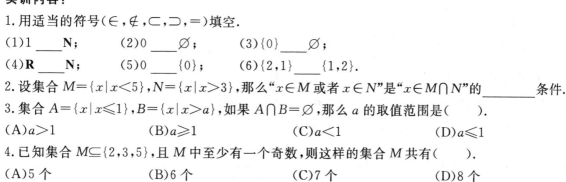

5. 列举$\{3,6,8\}$所有真子集.

实训 2　基本能力实训

实训目的：通过该实训，进一步加深学生对集合概念的理解，加强学生掌握集合之间运算的能力.

实训内容：

1. 已知全集$U=\mathbf{R}$，集合$A=\{x|1\leqslant x<7\}$，$B=\{x|x^2-7x+10<0\}$，求$A\cap\overline{B}$.

2. 设全集$U=\{0,1,2,3,4\}$，集合$A=\{0,1,2\}$，集合$B=\{2,3\}$，求$\overline{A}\cup B$.

1.2　函　数

1.2.1　知识点归纳与解析

1. 函数的概念：函数是一种对应关系，我们接触的绝大多数函数都是一对一的单值函数，也存在多值函数.

2. 函数的两个要素：定义域和对应法则.

3. 函数定义域的求法：求使表达式有意义的点的集合，用集合的形式表示.

4. 分段函数：自变量在不同变化范围内对应法则用不同的式子表示的函数；其定义域是各段定义域的并集.

5. 函数四个性质的定义以及具备此性质的图像的特点.

1.2.2　题型分析与举例

1. 求函数$y=\dfrac{\ln(x-2)}{\sqrt{9-x^2}}$的定义域.

解　要使函数有意义，需满足$\begin{cases}x-2>0,\\9-x^2>0,\end{cases}$即$\begin{cases}x>2,\\-3<x<3,\end{cases}$因此定义域为$(2,3)$.

2. 若$f(x)$定义域为$[1,3]$，求函数$f(1+x^2)$的定义域.

解　$1\leqslant 1+x^2\leqslant 3$，所以$0\leqslant x^2\leqslant 2$，所求函数的定义域为$[-\sqrt{2},\sqrt{2}]$.

3. 讨论函数$f(x)=\ln(x+\sqrt{x^2+1})$的奇偶性.

解　$f(-x)=\ln(-x+\sqrt{x^2+1})=\ln\dfrac{(-x+\sqrt{x^2+1})(x+\sqrt{x^2+1})}{(x+\sqrt{x^2+1})}$

$$=\ln\left(x+\sqrt{x^2+1}\right)^{-1}=-\ln(x+\sqrt{x^2+1})=-f(x),$$

所以函数为奇函数.

1.2.3　实训

实训 1　基础知识实训

实训目的: 通过该实训了解函数的概念及基本要素,会求简单函数的定义域,了解函数的性质,知道函数的反函数的概念.

实训内容:

1. 下列函数是否为相同函数,为什么?

(1) $y=x$ 与 $y=\sqrt[3]{x^3}$;　　(2) $y=\dfrac{x}{x(1+x)}$ 与 $y=\dfrac{1}{1+x}$;

(3) $y=2\ln(2+x)$ 与 $y=\ln(2+x)^2$.

2. 求下列函数的定义域.

(1) $y=\dfrac{1}{\sqrt{2x+3}}$;　　(2) $f(x)=\ln(x+5)$;　　(3) $y=\arcsin(1-x)$.

3. 求下列函数的反函数.

(1) $y=3x+1$；　　(2) $y=\frac{1}{x+3}$；　　(3) $y=1+\ln x$.

4. 设函数 $f(x)=\begin{cases} x+1, & x\leqslant 0, \\ 4, & x>0, \end{cases}$ 求函数的定义域，并求 $f(0)$，$f(-2)$，$f(2)$.

实训 2　基本能力实训

实训目的： 通过该实训熟悉函数定义域的求法，会判断函数的奇偶性.

实训内容：

1. 求函数的定义域.

(1) $y=\ln(2x-1)+\frac{1}{\sqrt{x-5}}$；　　(2) $y=\ln\frac{1}{1-x}$.

2. 设 $f(x)=\begin{cases} |\sin x|, & |x|<\frac{\pi}{3}, \\ 0, & |x|\geqslant\frac{\pi}{3}, \end{cases}$ 求 $f\left(\frac{\pi}{6}\right)$，$f\left(\frac{\pi}{4}\right)$，$f\left(-\frac{\pi}{4}\right)$，$f(-2)$，并作出其图像.

实训 3 能力提高与应用实训

实训目的:通过该实训进一步加深掌握函数定义域的求法.

实训内容:

1.求函数的定义域.

(1)$y=\sqrt{1-x}+\arcsin\frac{x+1}{2}$;　　(2)$y=\frac{\sqrt{4-x^2}}{|x+1|-2}$.

2. 设 $f(x)$的定义域为$[0,1]$,求下列函数的定义域.

(1)$f(x^2)$;　　(2)$f(x+a)$;　　(3)$f(\sin x)$.

1.3 初等函数

1.3.1 知识点归纳与解析

1.复合函数的形成:设 $y=f(u)$而 $u=\varphi(x)$,且函数 $\varphi(x)$的值域全部或部分包含在函数 $f(u)$的定义域内,那么 y 通过 u 的关系成为 x 的函数,我们称 y 为 x 的复合函数.

2.复合函数的分解方法:从最外层分解到最里层.这就需要掌握基本初等函数的标准形式,以便准确地分解复合函数.

1.3.2 题型分析与举例

例 1 是否任何两个函数的复合都能得到复合函数?

解 $y=\sqrt{u}$,$u=\sin x-2$ 就不能复合,因为 $u=\sin x-2$ 的值域为$[-3,-1]$,而 $y=\sqrt{u}$的定义域为$[0,+\infty)$.

例 2 分解复合函数 $y=\arcsin\sqrt{x-1}$.

解 $y=\arcsin u$,$u=\sqrt{v}$,$v=x-1$.

例 3 分段函数是不是初等函数?

分段函数:在自变量不同变化范围内对应法则用不同的式子表示的函数.

初等函数:基本初等函数经过有限次四则运算和复合运算,能用一个式子表示的函数.

从定义角度看分段函数与初等函数的最大区别就是用几个式子表示,所以分段函数不是初等函数,但绝对值函数除外，它既是分段函数也是初等函数.

1.3.3 实训

实训 1 基础知识实训

实训目的： 通过该实训加深学生对基本初等函数和复合函数的理解，并能熟练分解复合函数.

实训内容：

1. 基本初等函数都有哪些？写出其标准形式.

2. 写出下列函数的复合函数.

(1) $y=u^2, u=\ln x$； (2) $y=\arctan u, u=e^x$； (3) $y=\tan u, u=e^v, v=x^2+1$.

3. 分解复合函数.

(1) $y=\ln[\arcsin x]$； (2) $y=\sin[\sin x]$； (3) $y=\tan^2 x$ ；

(4) $y=\csc \dfrac{x}{2}$； (5) $y=\dfrac{1}{\operatorname{arccot} x}$； (6) $y=\sqrt{1-x^2}$.

实训 2 基本能力实训

实训目的： 通过本实训，使学生进一步掌握复合函数的分解.

实训内容：

分解复合函数.

(1) $y=\sqrt{\sec 3x}$； (2) $y=\cos^2(2x+3)$； (3) $y=\ln[\ln(\ln 2x)]$；

(4) $y=\sqrt[3]{\tan(2x+1)}$；　(5) $y=a^{\arcsin \ln x}$；　(6) $y=\dfrac{1}{\ln(\sin x^2)}$.

实训 3　能力提高与应用实训

实训目的：通过该实训，进一步加深学生对复合函数的理解.

实训内容：

1. 若 $f(t)=2t^2+\dfrac{2}{t^2}+\dfrac{5}{t}+5t$，证明 $f(t)=f(\dfrac{1}{t})$.

2. 分解复合函数.

(1) $y=\arctan e^{2x-1}$；　(2) $y=\dfrac{1}{\sec^2 5x}$；　(3) $y=\sin\sqrt{(2x^2-3)}$；　(4) $y=\log_2 \ln(e^x+1)$.

1.4　函数模型的建立

1.4.1　知识点归纳与解析

1. 了解数学模型的概念.
2. 了解常见的经济函数模型.
3. 会针对简单的实际问题建立数学模型.

1.4.2　题型分析与举例

例　提高过江大桥的车辆通行能力可改善整个城市的交通状况. 在一般情况下，大桥上的车流速度 v(单位:km/h)是车流密度 x(单位:辆/km)的函数. 当桥上的车流密度达到 200 辆/km 时，造成堵塞，此时车流速度为 0；当车流密度不超过 20 辆/km 时，车流速度为 60km/h. 研究表明：当 $20\leqslant x\leqslant 200$ 时，车流速度 v 是车流密度 x 的一次函数.

当 $0\leqslant x\leqslant 200$ 时，求函数 $v(x)$ 的表达式.

解　设 $v(x)=\begin{cases}60(0\leqslant x\leqslant 20),\\ kx+b(20\leqslant x\leqslant 200),\end{cases}$ 将点(20,60)，(200,0)代入得

$$k=-\frac{1}{3},b=\frac{200}{3},$$

$$v(x)=\begin{cases}60, & 0\leqslant x\leqslant 20,\\ -\dfrac{x}{3}+\dfrac{200}{3}, & 20\leqslant x\leqslant 200.\end{cases}$$

1.4.3 实训

实训 1 基础知识实训

实训目的：通过该实训，了解一些常见函数模型的形式.

实训内容：

1. 简述单利模型和复利模型.

2. 简述均衡价格.

3. 写出利润函数，并分析盈亏情况.

实训 2 基本能力实训

实训目的：通过该实训加强学生建立数学模型的思路.

实训内容：

1. 用铁皮做一个容积为 V 的圆柱形罐头筒，将它的全面积表示成底面半径的函数.

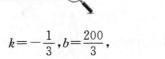

2. 某市出租汽车的起步价为 5 元，超过 3 km 时，超出部分每千米付费 2 元，试求付费金额与乘车距离的函数关系.

3. 某人将 200 元钱存入银行，单利年利率为 9%，那么 5 年后得到的本利和为多少？若按复利计算，200 元钱在 10 年后得到的本利和为 500 元，那么年利率为多少？

4. 生产某种商品 x 件时的总成本为 $C(x)=100+3x+x^2$（万元），若每售出一件该商品的收入是 43 万元，求利润函数，并求生产 30 件时的总利润.

1.5　平面曲线方程

1.5.1　知识点归纳与解析

1. 求平面曲线方程的一般步骤：

(1)建立适当的坐标系，用(x,y)表示曲线上任意一点 M 的坐标；

(2)写出适合条件 P 的点 M 的集合 $P=\{M|P(M)\}$；

(3)用坐标表示条件 $P(M)$，列出方程 $f(x,y)=0$；

(4)化方程 $f(x,y)=0$ 为最简形式.

2. 参数方程与普通方程的互化：参数方程通过代入消元或加减消元将参数方程化为普通方程，不要忘了参数的范围. 普通方程化为参数方程需要引入参数，选择的参数不同，所得的参数方程也不一样.

1.5.2　题型分析与举例

例　说明到坐标轴距离相等的点的轨迹与方程 $y=x$ 所表示的直线之间的关系.

分析　该题应该抓住“纯粹性”和“完备性”来进行分析.

解　方程 $y=x$ 所表示的曲线上每一个点都满足到坐标轴距离相等. 但是“到坐标轴距离相等的点的轨迹”上的点不都满足方程 $y=x$，例如点$(-3,3)$到两坐标轴的距离均为 3，但它不满足方程 $y=x$. 因此不能说方程 $y=x$ 就是所有到坐标轴距离相等的点的轨迹方程，到坐标轴距离相等的点的轨迹也不能说是方程

$y=x$所表示的轨迹.

说明 本题中“以方程的解为坐标的点都在曲线上”,即满足完备性,而“轨迹上的点的坐标不都满足方程”,即不满足纯粹性.只有两者全符合的方程才能叫曲线的方程,曲线才能叫方程的曲线.

1.5.3 实训

实训1 基础知识实训

实训目的:通过本实训,加深学生对平面曲线方程的理解;使学生掌握建立平面曲线方程的一般思路.

实训内容:

1. 已知两定点$A(-2,0)$,$B(1,0)$,如果动点P满足$|PA|=2|PB|$,求点P的轨迹方程及轨迹所包围的图形的面积.

2. 求经过点$P(x_0,y_0)$,倾斜角为θ的直线的参数方程.

3. 求椭圆$\frac{x^2}{a^2}+\frac{y^2}{b^2}=1(a>b>0)$的参数方程.

1.6 极坐标系

1.6.1 知识点归纳与解析

1. 构成极坐标系的要素:极点、极轴、单位长度和角度的正方向.

2. 点的表示:点的极坐标表示$P(\rho,\theta)$,点的平面直角坐标表示$P(x,y)$.

3. 对应关系:如果给定一对有序的实数(ρ,θ)作为点P的极坐标,那么点P在极坐标平面上的位置就唯一确定了.但倒过来,对于极坐标平面上的任一点P,它的极坐标却不是唯一的,而是无限多对.

1.6.2　实训

实训 1　基础知识实训

实训目的：通过该实训加强学生对极坐标系的概念的理解.

实训内容：

1. 求下列各极坐标点的直角坐标.

(1) $A\left(\sqrt{2},\frac{\pi}{4}\right)$；　　(2) $B\left(4,\frac{-2\pi}{3}\right)$；

(3) $C\left(-4\sqrt{2},\frac{3\pi}{4}\right)$；　　(4) $D\left(-2,-\frac{\pi}{6}\right)$.

2. 求下列各直角坐标点的极坐标($\rho\geqslant 0,0\leqslant\theta<2\pi$).

(1) $A(-1,-1)$；　　(2) $B(4,-4\sqrt{3})$；

(3) $C(-5,5)$；　　(4) $D(-3,0)$.

实训 2　基本能力实训

实训目的:通过该实训加深学生对极坐标系概念的理解.了解简单曲线的极坐标形式.

实训内容:

1. 指出下列方程的图形是什么曲线.

(1)$\rho=5$;

(2)$\theta=\frac{\pi}{4}$;

(3)$\rho=-6\cos\theta$;

(4)$\rho=10\sin\theta$.

第 2 章　极限与连续

2.1　极限的概念

2.1.1　知识点归纳与解析

1. 极限的概念. 根据自变量的不同变化趋势，函数的极限分两种情况：

(1) $x\to\infty$ 时，函数 $f(x)$ 的极限；

(2) $x\to x_0$ 时，函数 $f(x)$ 的极限.

2. 左极限与右极限的概念.

左极限：$\lim\limits_{x\to x_0^-} f(x)=A$，或 $f(x)\to A(x\to x_0^-)$，或 $f(x_0-0)=A$.

右极限：$\lim\limits_{x\to x_0^+} f(x)=A$，或 $f(x)\to A(x\to x_0^+)$，或 $f(x_0+0)=A$.

3. 函数 $f(x)$ 在点 x_0 处极限是否存在与其在点 x_0 处是否有定义无关.

2.1.2　题型分析与举例

1. 求极限是一元函数微分学中最基本的一种运算，其方法较多，本节求极限的方法称为观察法，即利用极限的定义，通过函数图像，直观地求出函数的极限.

例 1　判断 $\lim\limits_{x\to 0} e^{\frac{1}{x}}$ 是否存在？

解　当 $x\to 0^+$ 时，$\dfrac{1}{x}\to+\infty$，从而 $e^{\frac{1}{x}}\to+\infty$，即 $\lim\limits_{x\to 0^+} e^{\frac{1}{x}}=+\infty$；当 $x\to 0^-$ 时，$\dfrac{1}{x}\to-\infty$，从而 $e^{\frac{1}{x}}\to 0$，即 $\lim\limits_{x\to 0^-} e^{\frac{1}{x}}=0$. 左极限存在，而右极限不存在，故由定理 2.1.1 知，$\lim\limits_{x\to 0} e^{\frac{1}{x}}$ 不存在.

2. 若分段函数的分段点两侧表达式不相同，在求分段函数在分段点的极限时，必须注意函数 $f(x)$ 当 $x\to x_0$ 时极限存在的充要条件是 $f(x)$ 在点 x_0 处的左、右极限都存在且相等，即

$$\lim_{x\to x_0} f(x)=A \Leftrightarrow \lim_{x\to x_0^+} f(x)=\lim_{x\to x_0^-} f(x)=A.$$

例 2　已知函数 $f(x)=\begin{cases} e^x+1, & x\leqslant 0, \\ 2a, & 0<x<1, \\ x+b, & x\geqslant 1 \end{cases}$ 在 $x=0$ 和 $x=1$ 处均有极限，求 a,b 的值.

解　(1) 因为函数 $f(x)$ 在点 $x=0$ 处极限存在，所以 $\lim\limits_{x\to 0^-} f(x)=\lim\limits_{x\to 0^+} f(x)$，即 $\lim\limits_{x\to 0^-}(e^x+1)=\lim\limits_{x\to 0^+} 2a$，也即 $2=2a$，解得 $a=1$.

(2) 因为函数 $f(x)$ 在点 $x=1$ 处极限存在，所以 $\lim\limits_{x\to 1^-} f(x)=\lim\limits_{x\to 1^+} f(x)$，即 $\lim\limits_{x\to 1^-} 2a=\lim\limits_{x\to 1^+}(x+b)$，也即 $2=1+b$，解得 $b=1$.

2.1.3 实训

实训 1 基础知识实训

实训目的：通过该实训，加深对极限、左极限、右极限等基本概念的理解.

实训内容：

1. 数列$\{u_n\}$的极限过程 $n\to\infty$ 和函数 $f(x)$的极限过程 $x\to\infty$ 有何区别？

2. 若$\lim\limits_{x\to x_0^-} f(x)$和$\lim\limits_{x\to x_0^+} f(x)$都存在，则$\lim\limits_{x\to x_0} f(x)$一定存在吗？

3. $\lim\limits_{x\to\infty} f(x)=A$ 的充要条件是什么？

4. 函数 $f(x)$在 点 x_0处极限是否存在与其在 点 x_0处是否有定义有关系吗？

5. 函数极限的概念有几种形式？

实训 2 基本能力实训

实训目的：通过该实训，加深对极限、左极限、右极限等概念的理解，加强学生对利用极限的定义，通过函数图像，直观地求出函数的极限等方法的掌握.

实训内容：

1. 求下列极限.

(1)$\lim\limits_{n\to\infty}(1+\frac{1}{2^n})$；　　　　(2)$\lim\limits_{x\to\pi}\cos x$；

(3) $\lim\limits_{x\to+\infty}\left(\frac{1}{2}\right)^x$；　　(4) $\lim\limits_{x\to\infty}\frac{1}{x+1}$.

2. 设函数 $f(x)=\begin{cases}x+2, & -2\leqslant x<0,\\ x^2, & 0\leqslant x<1,\\ 1, & x\geqslant 1,\end{cases}$ 求 $\lim\limits_{x\to 0}f(x)$ 及 $\lim\limits_{x\to 1}f(x)$.

实训 3　能力提高与应用实训

实训目的： 该实训进一步强化了学生对分段函数在分段点处的极限问题的理解；加强了学生对极限夹逼准则性质的理解与掌握.

实训内容：

1. 已知函数 $f(x)=\begin{cases}1-x, & x<0,\\ 2x^2+a, & 0\leqslant x<1,\\ b+(x-1)^3, & x\geqslant 1\end{cases}$ 在 $x=0$ 和 $x=1$ 处均有极限，求 a,b 的值.

2. 求数列极限 $\lim\limits_{n\to\infty}n\left(\frac{1}{n^2+1}+\frac{1}{n^2+2}+\cdots+\frac{1}{n^2+n}\right)$.

2.2　无穷小量与无穷大量

2.2.1　知识点归纳与解析

1. 无穷小量与无穷大量的概念.

无穷小(量)表达的是量的变化状态，而不是量的大小，一个确定的量不管多小，都不是无穷小量，零是唯一可视为无穷小的常数，无穷小指的是以零为极限的变量；无穷大量是一个变化的量，一个确定的数，无论大到什么程度也不能成为无穷大，无穷大指的是以无穷大为极限的变量.

2. 无穷小的性质.

3. 无穷小的比较.

2.2.2 题型分析与举例

本节我们学了三种求极限的方法：

(1)利用无穷小的性质求极限；

(2)利用等价无穷小代换求极限；

(3)利用无穷小与无穷大的倒数关系求极限.

例 1 求下列函数的极限.

(1)$\lim\limits_{x\to 1}\dfrac{x^2+3x+1}{x-1}$；　　(2)$\lim\limits_{x\to 0}x^2\sin\dfrac{1}{x^2}$.

解 (1)因为$\lim\limits_{x\to 1}\dfrac{x-1}{x^2+3x+1}=0$，所以利用无穷小与无穷大的倒数关系$\lim\limits_{x\to 1}\dfrac{x^2+3x+1}{x-1}=\infty$.

(2)当 $x\to 0$ 时，$\left|\sin\dfrac{1}{x^2}\right|\leqslant 1$，所以 $\sin\dfrac{1}{x^2}$是有界函数，又因为$\lim\limits_{x\to 0}x^2=0$，故当 $x\to 0$ 时，$y=x^2\sin\dfrac{1}{x^2}$是有界量与无穷小的乘积，由无穷小量的性质 3 得到

$$\lim_{x\to 0}x^2\sin\frac{1}{x^2}=0.$$

例 2 利用等价无穷小代换求极限.

(1)$\lim\limits_{x\to 0}\dfrac{\sin x^4}{(\tan x)^3}$；　　(2)$\lim\limits_{x\to 1}\dfrac{x^2-1}{\tan(x-1)}$.

解 (1)当 $x\to 0$ 时，$\sin x^4\sim x^4$，$(\tan x)^3\sim x^3$，因此

$$\lim_{x\to 0}\frac{\sin x^4}{(\tan x)^3}=\lim_{x\to 0}\frac{x^4}{x^3}=\lim_{x\to 0}x=0.$$

(2)当 $x\to 1$ 时，$\tan(x-1)\sim x-1$，因此

$$\lim_{x\to 1}\frac{x^2-1}{\tan(x-1)}=\lim_{x\to 1}\frac{x^2-1}{x-1}=\lim_{x\to 1}(x+1)=2.$$

2.2.3 实训

实训 1 基础知识实训

实训目的：通过该实训，加深学生对无穷小量、无穷大量、等价无穷小等基本概念的理解和掌握.

实训内容：

1. 观察下列函数，哪些是无穷大，哪些是无穷小？

(1)$y=\ln x(x\to 1)$；　　(2)$y=\sin x(x\to 0)$；

(3)$y=2^x(x\to +\infty)$；　　(4)$y=1-\cos x(x\to 0)$；

(5)$y=1-2^x(x\to 0)$；　　(6)$y=x^2(x\to\infty)$.

2. 填空.

(1)无穷小量就是以(　　)为极限的变量；

(2)(　　)是唯一可作为无穷小的常数；

(3)非零无穷小量与无穷大量互为(　　)关系;

(4)设在自变量的同一变化过程中,α 与 β 是等价无穷小,则 $\lim \frac{\alpha}{\beta}=$(　　).

3.判断题.

(1)任何常数都不是无穷小.(　　)

(2)一个很小很小的常数可以是无穷小.(　　)

(3)无穷小的倒数是无穷大.(　　)

(4)一个很大很大的常数可以是无穷大.(　　)

实训 2　基本能力实训

实训目的: 该实训旨在加强学生对利用无穷小的性质求极限、利用等价无穷小代换求极限、利用无穷小与无穷大的倒数关系求极限等方法的熟练掌握.

实训内容:

1.选择填空.

(1)当 $x \to 0^+$,下列函数中(　　)是无穷小量.

A. $x\sin \frac{1}{x}$　　B. $e^{\frac{1}{x}}$　　C. $\ln x$　　D. $\frac{\sin x}{x}$

(2)$\lim\limits_{x\to 0}\left(\sin x \cdot \sin \frac{1}{x}\right)=$(　　).

A. 1　　B. 不存在　　C. ∞　　D. 0

2.求下列函数的极限.

(1) $\lim\limits_{x\to -\infty} e^x \cos \frac{1}{x}$;　　(2) $\lim\limits_{x\to\infty} \frac{\cos x}{x+1}$;　　(3) $\lim\limits_{x\to 0} \frac{e^{2x}-1}{2x}$;

(4) $\lim\limits_{x\to 0} \frac{1-\cos x}{x\tan x}$;　　(5) $\lim\limits_{x\to 0} \frac{\arcsin^2 x}{\tan 3x^2}$;　　(6) $\lim\limits_{x\to 3} \frac{x+1}{x-3}$.

3.若 $x\to 0$ 时,无穷小 $e^{kx}-1$ 与 $2x$ 等价,求 k 的值.

实训3　能力提高与应用实训

实训目的:通过该实训进一步加强学生对利用无穷小的性质及等价无穷小代换求极限方法的综合运用,提高学生的综合解题技巧.

实训内容:

1. 求极限$\lim\limits_{x\to 0}\dfrac{x-\sin x}{x+\sin x}$.

2. $\lim\limits_{x\to 0}\dfrac{3\sin x+x^2\cos\dfrac{1}{x}}{(1+\cos x)\ln(1+x)}$.

2.3　极限的运算法则

2.3.1　知识点归纳与解析

1. 极限的四则运算法则.

2. 利用极限的四则运算法则求函数极限,有直接法和间接法两种.

2.3.2　题型分析与举例

在运用极限的四则运算法则求极限时,应时刻注意其成立的条件,尤其是在求未定型中不可直接运用.一般地,如果是$\dfrac{0}{0}$型,可以考虑先通过分解因式或有理化的方法约去非零公因子,然后再求极限;若是$\infty-\infty$型极限,可采用先通分、后求极限的思路;若是$\dfrac{\infty}{\infty}$型,应先将分子与分母同时除以x的最高次幂,即采用“抓大头”的方法,然后再用相应的法则求解,这是求$\dfrac{\infty}{\infty}$型极限的一种基本方法.

例1　求极限$\lim\limits_{x\to\frac{\pi}{2}}(x\sin x+1)$.

解　直接运用极限运算法则得

$$\lim_{x\to\frac{\pi}{2}}(x\sin x+1)=\lim_{x\to\frac{\pi}{2}}x\cdot\lim_{x\to\frac{\pi}{2}}\sin x+\lim_{x\to\frac{\pi}{2}}1=\frac{\pi}{2}\cdot 1+1=\frac{\pi}{2}+1.$$

例2　求极限$\lim\limits_{x\to+\infty}(\sqrt{x^2+x}-x)$.

分析　因为$\lim\limits_{x\to+\infty}\sqrt{x^2+x}$与$\lim\limits_{x\to+\infty}x$不存在,所以不能直接运用极限的四则运算法则.

解　$\lim\limits_{x\to+\infty}(\sqrt{x^2+x}-x)=\lim\limits_{x\to+\infty}\dfrac{(\sqrt{x^2+x}-x)(\sqrt{x^2+x}+x)}{(\sqrt{x^2+x}+x)}$

$$=\lim_{x\to+\infty}\frac{x}{x+\sqrt{x^2+x}}=\lim_{x\to+\infty}\frac{1}{1+\sqrt{1+\frac{1}{x}}}=\frac{1}{2}.$$

例 3　已知 a,b 为常数，且满足 $\lim\limits_{x\to\infty}\frac{ax^2+bx+1}{3x+2}=2$，求 a,b 的值.

分析　要确定极限中 a,b 的值，应根据极限 $\lim\limits_{x\to\infty}\frac{a_0x^n+a_1x^{n-1}+\cdots+a_n}{b_0x^m+b_1x^{m-1}+\cdots+b_m}=\frac{a_0}{b_0}(m=n)$.

解　因为 $\lim\limits_{x\to\infty}\frac{ax^2+bx+1}{3x+2}=2$，所以 $a=0$，此时 $\lim\limits_{x\to\infty}\frac{bx+1}{3x+2}=2$，即 $\frac{b}{3}=2$，得 $b=6$.

2.3.3　实训

实训 1　基础知识实训

实训目的：通过该实训加深学生对极限四则运算法则的理解与掌握.

实训内容：

1. 写出极限的四则运算法则.

2. 极限的四则运算法则成立的条件是什么？

3. 求下列函数的极限.

(1) $\lim\limits_{x\to1}(x^2-x+3)$；　(2) $\lim\limits_{x\to2}\frac{x-3}{x^2+x+1}$；　(3) $\lim\limits_{x\to-3}\frac{x^2-9}{x+3}$；

(4) $\lim\limits_{x\to\infty}\frac{3x^2+5x-1}{2x^2+3}$；　(5) $\lim\limits_{x\to0}\frac{\sqrt{1-x}-1}{x}$；　(6) $\lim\limits_{x\to2}\frac{x^3-8}{x^2+1}$.

实训 2　基本能力实训

实训目的：通过本实训，使学生掌握$\frac{0}{0}$型、$\frac{\infty}{\infty}$型、$\infty-\infty$型未定式的求法，巩固运用极限四则运算法则求解的基本思路.

实训内容：

1. 求下列函数的极限.

(1)$\lim\limits_{x\to 4}\dfrac{x^2-6x+8}{x^2-5x+4}$；

(2)$\lim\limits_{x\to 0}\dfrac{x}{\sqrt{2+x}-\sqrt{2-x}}$；

(3)$\lim\limits_{x\to\infty}\dfrac{x^3-3x+5}{2x^2+1}$；

(4)$\lim\limits_{x\to\infty}\dfrac{(x+1)^5\,(3x-2)^7}{(5x+1)^{12}}$.

2. 求极限$\lim\limits_{x\to+\infty}(\sqrt{x+1}-\sqrt{x})$.

3. 若$\lim\limits_{x\to 3}\dfrac{x^2-2x+k}{x-3}=4$，求$k$的值.

实训 3　能力提高与应用实训

实训目的：通过该实训，进一步提高学生用极限四则运算法则求极限的能力.

实训内容：

1. 若$\lim\limits_{x\to\infty}\left(\dfrac{x^2+1}{x+1}-ax-b\right)=0$，求$a,b$的值.

2. 求数列极限$\lim\limits_{n\to\infty}\sqrt{n}\,(\sqrt{n+1}-\sqrt{n})$.

3. 在边长为 a 的等边三角形里，连接各边中点作一个内接等边三角形，如此继续作下去，求所有这些等边三角形的面积之和.

2.4　两个重要极限

2.4.1　知识点归纳与解析

1. 两个重要极限.

2. 两个重要极限的变形公式：$\lim\limits_{\square\to 0}\dfrac{\sin\square}{\square}=1$，$\lim\limits_{\square\to\infty}\left(1+\dfrac{1}{\square}\right)^{\square}=\mathrm{e}$.

2.4.2　题型分析与举例

例 1　求极限 $\lim\limits_{x\to a}\dfrac{\sin x-\sin a}{x-a}$.

分析　此极限是重要极限 $\lim\limits_{\square\to 0}\dfrac{\sin\square}{\square}=1$ 的应用，因此需利用和差化积公式将分子变形.

解　$$\lim_{x\to a}\frac{\sin x-\sin a}{x-a}=\lim_{x\to a}\frac{2\cos\frac{x+a}{2}\sin\frac{x-a}{2}}{x-a}=2\lim_{x\to a}\cos\frac{x+a}{2}\lim_{x\to a}\frac{\sin\frac{x-a}{2}}{x-a}$$

$$=2\cos a\lim_{x\to a}\frac{\sin\frac{x-a}{2}}{\frac{x-a}{2}\cdot 2}=\cos a\cdot\lim_{\frac{x-a}{2}\to 0}\frac{\sin\frac{x-a}{2}}{\frac{x-a}{2}}=\cos a\cdot 1=\cos a.$$

例 2　若 $\lim\limits_{x\to\infty}\left(\dfrac{x+a}{x-a}\right)^{x}=4$，求常数 a 的值.

分析　此极限为幂指函数 1^{∞} 极限式，是重要极限 $\lim\limits_{\square\to\infty}\left(1+\dfrac{1}{\square}\right)^{\square}=\mathrm{e}$ 的应用.

解　因为 $$\lim_{x\to\infty}\left(\frac{x+a}{x-a}\right)^{x}=\lim_{x\to\infty}\left(1+\frac{2a}{x-a}\right)^{x}=\lim_{x\to\infty}\left(1+\frac{2a}{x-a}\right)^{x-a}\cdot\left(1+\frac{2a}{x-a}\right)^{a}$$

$$=\lim_{x\to\infty}\left(1+\frac{2a}{x-a}\right)^{x-a}\cdot\lim_{x\to\infty}\left(1+\frac{2a}{x-a}\right)^{a}=\left[\lim_{x\to\infty}\left(1+\frac{2a}{x-a}\right)^{\frac{x-a}{2a}}\right]^{2a}\cdot 1=\mathrm{e}^{2a}=4.$$

所以　$a=\ln 2$.

2.4.3　实训

实训 1　基础知识实训

实训目的：通过本实训，加深对两个重要极限的理解与掌握.

实训内容：

1. 思考题.

(1)极限$\lim\limits_{x\to\infty}\dfrac{\sin x}{x}=1$是否正确，为什么？

(2)极限$\lim\limits_{x\to\infty}(1+x)^{\frac{1}{x}}=\mathrm{e}$是否正确，为什么？

2. 利用第一个重要极限求下列函数的极限.

(1)$\lim\limits_{x\to 0}\dfrac{x}{\sin 2x}$；　　(2)$\lim\limits_{x\to 0}\dfrac{\sin 3x}{\sin 5x}$；　　(3)$\lim\limits_{x\to 0}\dfrac{2x}{\tan x}$；

(4)$\lim\limits_{x\to 0}\dfrac{\arcsin x}{2x}$；　　(5)$\lim\limits_{x\to\infty}x\sin\dfrac{2}{x}$；　　(6)$\lim\limits_{x\to 0}(x\cdot\csc x)$.

3. 利用第二个重要极限求下列函数的极限.

(1)$\lim\limits_{x\to 0}(1+\tan x)^{\cot x}$；　　(2)$\lim\limits_{x\to\infty}\left(1-\dfrac{1}{x}\right)^{x}$；　　(3)$\lim\limits_{x\to\infty}\left(1+\dfrac{5}{x}\right)^{x}$；

(4)$\lim\limits_{x\to\infty}\left(\dfrac{x+1}{x}\right)^{x}$；　　(5)$\lim\limits_{x\to 0}(1+x)^{\frac{2}{x}}$；　　(6)$\lim\limits_{x\to\infty}\left(1+\dfrac{1}{x}\right)^{x+2}$.

实训 2　基本能力实训

实训目的：该实训旨在强化学生对利用两个重要极限求函数极限方法的掌握.

实训内容：

1. 利用第一个重要极限求下列函数的极限.

(1) $\lim\limits_{x\to 0}\dfrac{x(1+x^2)}{\sin x}$；　(2) $\lim\limits_{x\to 2}\dfrac{\tan(x-2)}{x-2}$；　(3) $\lim\limits_{x\to \frac{\pi}{2}}\dfrac{\sin\left(\frac{\pi}{2}-x\right)}{\frac{\pi}{2}-x}$；

(4) $\lim\limits_{x\to 1}\dfrac{\sin(2x-2)}{x-1}$；　(5) $\lim\limits_{x\to -2}\dfrac{\sin^2(x+2)}{x+2}$；　(6) $\lim\limits_{x\to \pi}\dfrac{\sin x}{\pi-x}$.

2. 利用第二个重要极限求下列函数的极限.

(1) $\lim\limits_{x\to 0}(1+\sin x)^{\csc x}$；　(2) $\lim\limits_{x\to \infty}\left(1+\dfrac{1}{2x}\right)^{4x+5}$；　(3) $\lim\limits_{x\to 1^+}(1+\ln x)^{\frac{3}{\ln x}}$；

(4) $\lim\limits_{x\to\infty}\left(\frac{x^2-1}{x^2}\right)^{x^2}$； (5) $\lim\limits_{x\to 0}\left(1+\frac{x}{3}\right)^{\frac{1}{x}+3}$； (6) $\lim\limits_{x\to\infty}\left(\frac{x-1}{x+1}\right)^{x}$.

实训 3　能力提高与应用实训

实训目的：本实训旨在提高学生对运用两个重要极限求函数极限方法的综合应用能力.

实训内容：

1. 求下列函数的极限.

(1) $\lim\limits_{x\to 0}\frac{\tan 2x-\sin x}{x}$； (2) $\lim\limits_{x\to 0}\frac{\cos x-\cos 3x}{x^2}$； (3) $\lim\limits_{x\to +\infty}\left(1-\frac{1}{x}\right)^{\sqrt{x}}$.

2. 若 $\lim\limits_{x\to\infty}\left(\frac{x+c}{x-c}\right)^{x}=2$，求常数 c 的值.

2.5　函数的连续性

2.5.1　知识点归纳与解析

1. 要判断函数在一点是否连续，有两种方法：一是利用函数在一点连续的等价定义 1，即 $\lim\limits_{\Delta x\to 0}\Delta y=0$；二是利用函数在一点连续的等价定义 2，即 $\lim\limits_{x\to x_0}f(x)=f(x_0)$.

2. 函数连续的等价定义 2，即 $\lim\limits_{x\to x_0}f(x)=f(x_0)$ 为我们提供了利用函数的连续性求极限的方法. 设 $f(x)$

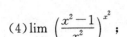

是初等函数，定义域为(a,b)，若 $x_0\in(a,b)$，则$\lim\limits_{x\to x_0}f(x)=f(x_0)$. 我们知道求函数值一般是不需要技巧的，因此这种求极限的方法是非常容易掌握的，它是求极限的首选方法.

3. 判断函数的间断点，其具体做法为：

第一步　寻找使函数 $f(x)$无定义的点 x_0，若有则 x_0 为间断点，否则进行第二步；

第二步　寻找使$\lim\limits_{x\to x_0}f(x)$不存在的点 x_0，若有则 x_0 为间断点，分段函数的间断点通常产生于分段点处，否则进行第三步；

第三步　寻找使$\lim\limits_{x\to x_0}f(x)\neq f(x_0)$的点 x_0，若有，则 x_0 为间断点.

4. 第一类间断点的特点是函数在该点处的左、右极限均存在，除了第一类间断点都是第二类间断点.

2.5.2　题型分析与举例

例 1　设函数 $f(x)=\begin{cases}x, & x\leqslant 1,\\ 6x-5, & x>1,\end{cases}$讨论 $f(x)$在 $x=1$ 处的连续性，并写出 $f(x)$的连续区间.

分析　对于分段函数求连续区间问题，应首先研究各段函数在其区间内是否为初等函数，指出其连续性，再判断分段点处的连续性，进而可得连续区间.

解　当 $x<1$ 时，$f(x)=x$ 为初等函数，在$(-\infty,1)$内连续；当 $x>1$ 时，$f(x)=6x-5$ 为初等函数，在$(1,+\infty)$内连续.

而$\lim\limits_{x\to 1^-}f(x)=\lim\limits_{x\to 1^-}x=1$，$\lim\limits_{x\to 1^+}f(x)=\lim\limits_{x\to 1^+}(6x-5)=1$，且 $f(1)=1$，因此$\lim\limits_{x\to 1}f(x)=f(1)$，从而可知函数 $f(x)$在 $x=1$ 处连续，因此 $f(x)$的连续区间为$(-\infty,+\infty)$.

例 2　判断函数 $f(x)=\dfrac{x^2-4}{x+2}$的间断点类型.

解　因为 $x=-2$ 时，函数 $f(x)=\dfrac{x^2-4}{x+2}$ 无定义，所以 $x=-2$ 为 $f(x)$的间断点.

又因为$\lim\limits_{x\to -2}f(x)=\lim\limits_{x\to -2}\dfrac{x^2-4}{x+2}=\lim\limits_{x\to -2}\dfrac{(x+2)(x-2)}{x+2}=\lim\limits_{x\to -2}(x-2)=-4$，所以 $x=-2$ 为 $f(x)$的第一类间断点.

2.5.3　实训

实训 1　基础知识实训

实训目的：通过本实训，加深学生对连续、间断点等基本概念的理解；加强学生对利用函数连续性求极限方法的掌握.

实训内容：

1. 函数 $f(x)$在点 x_0 处连续的两个等价定义式分别是什么？

2. 第一类间断点具备什么特点？

3. 利用连续性求下列函数的极限.

(1) $\lim\limits_{x\to 1}(x^2+2x-1)$；

(2) $\lim\limits_{x\to \frac{\pi}{2}}(x\cdot\sin x+\cos x)$；

(3) $\lim\limits_{x\to 0}\dfrac{e^x}{1+x^2}$；

(4) $\lim\limits_{x\to 1}\sqrt{x^3+2x^2+5x+1}$.

4. 证明函数 $f(x)=\begin{cases}x, & x\leqslant 1,\\ 3x-2, & x>1\end{cases}$ 在 $x=1$ 处连续.

实训 2　基本能力实训

实训目的：强化学生对间断点类型及分段函数在分段点处连续问题的理解.

实训内容：

1. 设函数 $f(x)=\begin{cases}\sin x+1, & x>0,\\ x+2a, & x\leqslant 0\end{cases}$ 在 $x=0$ 处连续，求 a.

2. 设 $f(x)=\begin{cases}x-2a, & x<0,\\ \sin x, & x>0,\end{cases}$ 问常数 a 为何值时，函数 $f(x)$ 在 $x=0$ 处连续.

3. 判断下列函数间断点的类型.

(1) $f(x)=\dfrac{x^2+1}{x+1}$;　　　　(2) $f(x)=\dfrac{1-\cos x}{x^2}$.

实训 3　能力提高与应用实训

实训目的：本实训进一步加强学生对于分段函数求连续区间问题的理解与掌握.

实训内容：

1. 设函数 $f(x)=\begin{cases}\dfrac{\sin kx}{x}, & x<0,\\ x^2+1, & x\geqslant 0,\end{cases}$ 问 k 为何值时，函数 $f(x)$ 在 $(-\infty,+\infty)$ 内连续.

2. 证明函数 $f(x)=\begin{cases}\dfrac{\ln(1+x)}{x}, & x>0,\\ x+1, & x\leqslant 0\end{cases}$ 在区间 $(-\infty,+\infty)$ 内连续.

2.6　连续函数的性质

2.6.1　知识点归纳与解析

1. 因为初等函数在其定义区间内都是连续的，所以今后在求初等函数在其定义区间内某点的极限时，只需求初等函数在该点的函数值即可.

2. 求连续函数的复合函数的极限时，我们采用交换次序法求极限：

$$\lim_{x\to x_0} f[\varphi(x)]=f[\lim_{x\to x_0}\varphi(x)],$$

即极限符号“lim”与函数符号“f”交换运算次序.

3. 零点定理又称为根的存在定理，它是求方程 $f(x)=0$ 的近似解的理论依据.

2.6.2 题型分析与举例

例 1 求极限$\lim\limits_{x\to\infty}\left[\sin\ln\left(1+\frac{1}{x}\right)^x\right]$.

分析 求连续的复合函数的极限时，我们采用交换极限符号"lim"与函数符号"f"次序的方法求极限，即

$$\lim_{x\to x_0} f[\varphi(x)]=f[\lim_{x\to x_0}\varphi(x)].$$

解 $\lim\limits_{x\to\infty}\left[\sin\ln\left(1+\frac{1}{x}\right)^x\right]=\sin\ln\left[\lim\limits_{x\to\infty}\left(1+\frac{1}{x}\right)^x\right]=\sin\ln \mathrm{e}=\sin 1.$

例 2 证明方程 $\sin x-x+1=0$ 在 0 与 π 之间有实根.

证明 设 $f(x)=\sin x-x+1$，因为 $f(x)$在$(-\infty,+\infty)$内连续，所以 $f(x)$在$[0,\pi]$上也连续，而

$$f(0)=1>0,\quad f(\pi)=1-\pi<0,$$

由零点定理可知，至少存在一点 $\xi\in(0,\pi)$，使得 $f(\xi)=0$，即

$$\sin\xi-\xi+1=0.$$

从而得证方程 $\sin x-x+1=0$ 在 0 与 π 之间至少有一个实根.

2.6.3 实训

实训 1 基础知识实训

实训目的：通过该实训加强学生对复合函数求极限方法的掌握.

实训内容：

1. 如何求复合函数的极限？

2. 零点定理的几何意义是什么？

3. 求下列复合函数的极限.

(1) $\lim\limits_{x\to\frac{\pi}{2}}\mathrm{e}^{\sin x}$；　(2) $\lim\limits_{x\to 0}\ln(\cos x)$；　(3) $\lim\limits_{x\to 0}\ln(1+\tan x)^{\cot x}$；　(4) $\lim\limits_{x\to\frac{\pi}{4}}3^{\tan x}$.

实训 2　基本能力实训

实训目的:该实训旨在加深学生对利用零点定理来证明方程根的存在性的理解.

实训内容:

1. 证明方程 $x^3+3x^2-1=0$ 在$(0,1)$内至少有一个实根.

2. 证明方程 $x-e^{x-3}=1$ 在$(0,4)$内至少有一个实根.

实训 3　能力提高与应用实训

实训目的:通过本实训,进一步提高学生综合解题能力.

实训内容:

1. 求极限 $\lim\limits_{x\to+\infty}\arcsin(\sqrt{x^2+x}-x)$.

2. 证明方程 $x=a\sin x+b(a>0,b>0)$至少有一个正根,并且它不超过 $a+b$.

第 3 章　导数与微分

3.1　导数的概念

3.1.1　知识点归纳与解析

1. 导数的概念.

(1)函数的导数是一种特殊形式的函数极限,即 $f'(x_0)=\lim\limits_{\Delta x\to 0}\dfrac{\Delta y}{\Delta x}$,它反映的是函数的变化率.常见的导数定义式有

$$f'(x_0)=\lim_{\Delta x\to 0}\frac{\Delta y}{\Delta x}=\lim_{\Delta x\to 0}\frac{f(x_0+\Delta x)-f(x_0)}{\Delta x}=\lim_{h\to 0}\frac{f(x_0+h)-f(x_0)}{h}$$
$$=\lim_{x\to x_0}\frac{f(x)-f(x_0)}{x-x_0}.$$

(2)左、右导数的概念.

左导数 $$f'_-(x_0)=\lim_{\Delta x\to 0^-}\frac{f(x_0+\Delta x)-f(x_0)}{\Delta x}.$$

右导数 $$f'_+(x_0)=\lim_{\Delta x\to 0^+}\frac{f(x_0+\Delta x)-f(x_0)}{\Delta x}.$$

左导数和右导数统称为单侧导数.

2. 用导数定义 $f'(x_0)=\lim\limits_{\Delta x\to 0}\dfrac{\Delta y}{\Delta x}$求一些简单函数的导数.

根据导数的定义,采用“三步法”计算一些简单的基本初等函数的导数.

第一步:求增量:$\Delta y=f(x+\Delta x)-f(x)$;

第二步:算比值:$\dfrac{\Delta y}{\Delta x}=\dfrac{f(x+\Delta x)-f(x)}{\Delta x}$;

第三步:取极限:$y'=\lim\limits_{\Delta x\to 0}\dfrac{\Delta y}{\Delta x}$.

3. 导数的几何意义:如果函数 $y=f(x)$在 x_0 点处可导,则其导数 $f'(x_0)$在数值上就等于曲线 $y=f(x)$在点 $M(x_0,y_0)$处切线的斜率,即 $k=f'(x_0)$.

曲线在 $M(x_0,y_0)$点处的切线方程为　　$y-y_0=f'(x_0)(x-x_0)$.

曲线在 $M(x_0,y_0)$点处的法线方程为　　$y-y_0=-\dfrac{1}{f'(x_0)}(x-x_0)$,$f'(x_0)\neq 0$.

4. 可导与连续的关系.

(1)可导必连续;(2)连续不一定可导;(3)不连续一定不可导.

3.1.2　题型分析与举例

例 1　回答下列问题.

(1)若函数 $f(x)$在点 x_0 处连续，则函数在点 x_0 处必可导吗？

(2)表达式 $f'(x_0)=[f(x_0)]'$是否成立？

(3)几何上，$f'(x_0)$表示曲线 $y=f(x)$在点$(x_0,f(x_0))$处的切线斜率，当 $f'(x_0)=0$ 或 $f'(x_0)=\infty$时，其切线存在吗？

答　(1)不一定.由可导与连续的关系知，可导必连续，即连续是可导的必要条件，但连续不一定可导.

例如函数 $f(x)=\begin{cases} x, & x\geqslant 0, \\ -x, & x<0. \end{cases}$在点 $x=0$ 处虽然连续，但不可导.

(2)不成立.$[f(x_0)]'$表示对函数值 $f(x_0)$求导，而 $f(x_0)$是常数，此时$[f(x_0)]'=0$.而 $f'(x_0)$表示函数 $f(x)$在点 x_0 处的导数，$f'(x_0)=f'(x)\big|_{x=x_0}$，即先求导，再求值，其结果不一定为零.

(3)存在.几何上 $f'(x_0)=0$ 时，曲线 $y=f(x)$在点$(x_0,f(x_0))$处的切线平行于 x 轴；当 $f'(x_0)=\infty$时，曲线 $y=f(x)$在点$(x_0,f(x_0))$处的切线垂直于 x 轴.

例 2　设 $f'(x_0)$存在，由导数定义求极限$\lim\limits_{t\to 0}\dfrac{f(x_0+t)-f(x_0-2t)}{t}$与 $f'(x_0)$的关系.

分析　根据导数等价定义形式

$$f'(x_0)=\lim_{\Delta x\to 0}\frac{f(x_0+\Delta x)-f(x_0)}{\Delta x}=\lim_{x\to x_0}\frac{f(x)-f(x_0)}{x-x_0}.$$

导数实质上是一种特殊形式的函数极限.对于极限而言，极限值与自变量用什么字母表示无关，因此，在利用导数定义表达式时，必须凑成导数定义形式再求极限.

解

$$\lim_{t\to 0}\frac{f(x_0+t)-f(x_0-2t)}{t}=\lim_{t\to 0}\frac{[f(x_0+t)-f(x_0)]-[f(x_0-2t)-f(x_0)]}{t}$$

$$=\lim_{t\to 0}\frac{[f(x_0+t)-f(x_0)]}{t}+2\lim_{t\to 0}\frac{[f(x_0-2t)-f(x_0)]}{-2t}=f'(x_0)+2f'(x_0)=3f'(x_0).$$

3.1.3　实训

实训 1　基础知识实训

实训目的：通过本实训，进一步加深学生对导数、左导数、右导数等基本概念的理解.

实训内容：

1. 写出导数定义的两种等价形式.

2. 设函数 $y=f(x)$在点 x_0 的某邻域内有定义，写出 $f'(x_0)$存在的充要条件.

3. 导数的几何意义是什么？

4. 设 $f'(x_0)$存在，若$\lim\limits_{\Delta x\to 0}\dfrac{f(x_0+3\Delta x)-f(x_0)}{\Delta x}=A$，指出 A 与 $f'(x_0)$的关系.

实训 2 基本能力实训

实训目的：通过该实训，使学生进一步熟悉利用导数定义推导出的几个基本初等函数的求导公式.

实训内容：

1. 求下列函数的导数.

(1) $y=x^4\cdot\sqrt{x}$； (2) $y=\dfrac{x\cdot\sqrt[3]{x}}{\sqrt[3]{x^2}}$； (3) $y=2^x$； (4) $y=\log_3 x$.

2. 设函数 $f(x)=\cos x$，求 $f'\left(\dfrac{\pi}{2}\right)$，$f'\left(\dfrac{\pi}{6}\right)$.

实训 3 能力提高与应用实训

实训目的：通过该实训，进一步加深学生对导数概念及几何意义的理解，培养学生利用导数解决实际问题的能力.

实训内容：

1. 求曲线 $y=e^x$ 在点(0,1)处的切线方程与法线方程.

2. 已知物体的运动规律为 $s=2t^3$(m)，求物体在 $t=2$(s)时的速度.

3. 证明函数 $f(x)=\begin{cases} x^2\sin\dfrac{1}{x}, & x\neq 0 \\ 0, & x=0 \end{cases}$ 在点 $x=0$ 处可导.

3.2　初等函数求导法则

3.2.1　知识点归纳与解析

1. 初等函数求导法则.

(1)四则运算求导法则：

设函数 u 和 v 均为可导函数，则

法则 1　$(u\pm v)'=u'\pm v'$；

法则 2　$(uv)'=u'v+uv'$；

推论　$(cu)'=cu'$(c 为常数)；

法则 3　$\left(\dfrac{u}{v}\right)'=\dfrac{u'v-uv'}{v^2}\quad(v\neq 0)$；

推论　$\left(\dfrac{1}{v}\right)'=-\dfrac{v'}{v^2}(v\neq 0)$.

(2)反函数的求导法则：设函数 $x=\varphi(y)$ 在某区间 I_y 内严格单调可导，且 $\varphi'(y)\neq 0$，那么它的反函数 $y=f(x)$ 在对应区间 I_x 内也严格单调可导，且 $f'(x)=\dfrac{1}{\varphi'(y)}$.

3.2.2　题型分析与举例

利用导数的四则运算法则求导数，必须熟记基本初等函数的求导公式；在使用求导法则之前要先观察函数能否化简，若能，必须先化简函数再求导.

例 1　求 $y=\dfrac{x^2\cdot\sqrt{x}}{\sqrt[3]{x}}+x\ln x$ 的导数.

解　因为 $y=\dfrac{x^2\cdot\sqrt{x}}{\sqrt[3]{x}}+x\ln x=x^{\frac{13}{6}}+x\ln x$，所以 $y'=\dfrac{13}{6}x^{\frac{7}{6}}+\ln x+1$.

例 2 求 $y=x\sin x+\ln 2+\sqrt{x\sqrt{x}}$ 的导数.

解 因为 $y=x\sin x+\ln 2+\sqrt{x\sqrt{x}}=x\sin x+\ln 2+x^{\frac{3}{4}}$,所以

$$y'=\sin x+x\cos x+\frac{3}{4}x^{-\frac{1}{4}}.$$

3.2.3 实训

实训 1 基础知识实训

实训目的: 通过该实训,使学生进一步熟悉导数的四则运算法则及基本初等函数的求导公式.

实训内容:

1.写出导数的四则运算法则.

2.写出基本初等函数的求导公式.

3.求下列函数的导数.

(1) $y=\sin x+5e^{x}+x^{-3}$;

(2) $y=\sin\frac{\pi}{3}+x\sec x-\frac{1}{x}$;

(3) $y=\tan x\cdot\ln x\cdot 2^{x}$;

(4) $y=\frac{\cot x}{x}$.

实训 2 基本能力实训

实训目的:通过该实训,进一步加深学生对导数的四则运算法则的理解.

实训内容:

1. 求函数 $y=\frac{(x+2)^2}{x^2}$ 的导数.

2. 求函数 $y=(1+x^2)(1-x^2)$ 的导数.

实训 3 能力提高与应用实训

实训目的:通过该实训,进一步提高学生的解题能力.

实训内容:

1. 求函数 $y=\frac{2\ln x+x^3}{3\ln x+x^2}$ 的导数.

2. 求函数 $y=(2x+3)(1-x)(x+2)$ 的导数.

3.3 复合函数求导法则及高阶导数

3.3.1 知识点归纳与解析

1. 复合函数的求导法则：设函数 $u=\varphi(x)$ 在点 x 处可导，函数 $y=f(u)$ 在对应点 $u=\varphi(x)$ 处也可导，则复合函数 $y=f[\varphi(x)]$ 在点 x 处也可导，且

$$\frac{dy}{dx}=\frac{dy}{du}\cdot\frac{du}{dx}.$$

复合函数的求导公式，好像链条一样，一环扣一环，所以上述法则一般也称为链式法则.

2. 高阶导数的概念及求法.

二阶及二阶以上各阶导数统称为高阶导数.

二阶导数，通常记作：y''；$f''(x)$；$y^{(2)}$；$f^{(2)}(x)$；$\frac{d^2y}{dx^2}$或$\frac{d^2f}{dx^2}$.

三阶导数，通常记为：y'''；$f'''(x)$；$y^{(3)}$；$f^{(3)}(x)$；$\frac{d^3y}{dx^3}$或$\frac{d^3f}{dx^3}$.

四阶导数，通常记为：$y^{(4)}$；$f^{(4)}(x)$；$\frac{d^4y}{dx^4}$或$\frac{d^4f}{dx^4}$.

n 阶导数，一般记为：$y^{(n)}$；$f^{(n)}(x)$；$\frac{d^ny}{dx^n}$或$\frac{d^nf}{dx^n}$.

四阶或四阶以上的导数记作 $f^{(k)}(x)\quad(k\geqslant4)$.

3.3.2 题型分析与举例

在运用复合函数求导法则求复合函数的导数时，首先要分清复合函数是由哪些简单函数复合而成的，这是正确使用复合函数求导法则的关键；其次是由外到里，逐层求导. 在使用时可以写出中间变量再求导，也可以不写出中间变量直接求导.

例 1 求复合函数 $y=\sin^2(1+\sqrt{x})$ 的导数.

解 将函数 $y=\sin^2(1+\sqrt{x})$ 分解成简单函数 $y=u^2$，$u=\sin v$，$v=1+\sqrt{x}$，根据复合函数求导法则

$$\frac{dy}{dx}=\frac{dy}{du}\cdot\frac{du}{dv}\cdot\frac{dv}{dx}=2u\cdot\cos v\cdot\frac{1}{2\sqrt{x}}=\frac{\sin(1+\sqrt{x})\cos(1+\sqrt{x})}{\sqrt{x}}=\frac{\sin 2(1+\sqrt{x})}{2\sqrt{x}}.$$

例 2 求函数 $y=(1-2x)^3e^{2x}$ 的导数.

解 $y'=[(1-2x)^3]'e^{2x}+(1-2x)^3(e^{2x})'=3(1-2x)^2(1-2x)'e^{2x}+(1-2x)^3e^{2x}(2x)'$

$=-6(1-2x)^2e^{2x}+2(1-2x)^3e^{2x}$.

3.3.3 实训

实训 1 基础知识实训

实训目的：通过该实训，使学生进一步熟悉复合函数的求导法则.

实训内容：

1. 写出复合函数的求导法则.

2. 如何表示函数 $y=f(x)$ 的 n 阶导数?

3.求下列复合函数的导数.

(1) $y=\tan(1+x^2)$；

(2) $y=e^{-3x}$；

(3) $y=\dfrac{1}{(x+3)^4}$；

(4) $y=\ln\sin x$.

实训 2　基本能力实训

实训目的：通过该实训，进一步加深学生对复合函数求导法则的理解.

实训内容：

1. $y=e^{\sin\frac{1}{x}}$，求 y'.

2. $y=\ln(x+\sqrt{1+x^2})$，求 y'.

实训 3　能力提高与应用实训

实训目的：通过该实训，进一步提高学生运用复合函数求导法则求复合函数导数的解题能力.

实训内容：

设 $f(x)$ 可导，求下列函数的导数.

(1) $y=f(x^2)$；

(2) $y=f(\sin^2 x)+f(\cos^2 x)$.

3.4 隐函数及参数方程确定的函数求导法则

3.4.1 知识点归纳与解析

1.隐函数的一阶导数的求导方法.

(1)方程 $F(x,y)=0$ 的两端同时对 x 求导,注意在求导过程中把 y 看成 x 的函数,也就是把它作为中间变量来看待.

(2)求导后得到一个含有 y' 的方程,解出 y' 即为所求隐函数的导数.

2.参数方程确定的函数的一阶导数的求导法则.

若变量 x,y 之间的函数关系由参数方程 $\begin{cases}x=\varphi(t),\\ y=f(t)\end{cases}$ 所确定(t 为参数),则

$$\frac{\mathrm{d}y}{\mathrm{d}x}=\frac{\frac{\mathrm{d}y}{\mathrm{d}t}}{\frac{\mathrm{d}x}{\mathrm{d}t}} \quad 或 \quad \frac{\mathrm{d}y}{\mathrm{d}x}=\frac{f'(t)}{\varphi'(t)}.$$

3.对数求导法则.

当函数表达式由多项式的乘积、商、幂组成,或者函数为幂指函数时,通常我们采用对数法,先把显函数变成隐函数,即方程两边同时取自然对数,再利用隐函数求导法则求出函数的导数,我们把这种方法称为对数求导法.

3.4.2 题型分析与举例

例 1 设 $y=f(x)$ 由方程 $x^3+y^3-\sin 3x+6y=0$ 所确定,求 y'.

解 方程两边同时对 x 求导得

$$(x^3+y^3-\sin 3x+6y)'=0',$$

$$3x^2+3y^2y'-3\cos 3x+6y'=0,$$

解得
$$y'=\frac{\cos 3x-x^2}{y^2+2}.$$

例 2 求曲线 $\begin{cases}x=t+\cos t,\\ y=t+\sin t,\end{cases}$ $(0<t<2\pi)$ 在 $t=0$ 处的切线方程.

解 参数 $t=0$ 对应的切点坐标为(1,0),由参数方程确定的函数的导数公式得 $\frac{\mathrm{d}y}{\mathrm{d}x}=\frac{\frac{\mathrm{d}y}{\mathrm{d}t}}{\frac{\mathrm{d}x}{\mathrm{d}t}}=\frac{1+\cos t}{1-\sin t}$,根据导数几何意义,切线斜率为 $k=\frac{1+\cos t}{1-\sin t}\Big|_{t=0}=2$,则切线方程为 $y-0=2(x-1)$,即 $2x-y-2=0$.

例 3 求函数 $y=\frac{\sqrt{2x+1}}{(x^2+1)^2\mathrm{e}^{\sqrt{x}}}$ 的导数.

解 两边同时取对数得 $\ln y=\frac{1}{2}\ln(2x+1)-2\ln(x^2+1)-\sqrt{x}$.

等式两边同时求导得 $\frac{1}{y}y'=\frac{1}{2}\frac{1}{2x+1}\cdot 2-2\frac{1}{x^2+1}2x-\frac{1}{2\sqrt{x}}$,

解得
$$y'=\frac{\sqrt{2x+1}}{(x^2+1)^2e^{\sqrt{x}}}\left(\frac{1}{2x+1}-\frac{4x}{x^2+1}-\frac{1}{2\sqrt{x}}\right).$$

3.4.3 实训

实训1 基础知识实训

实训目的：通过该实训，使学生进一步熟悉隐函数求导法则、参数方程确定的函数求导方法及对数求导法则.

实训内容：

1. 写出隐函数的求导法则.

2. 写出参数方程确定的函数求导方法.

3. 什么情况下使用对数求导法则？

实训2 基本能力实训

实训目的：通过该实训，进一步加深学生对隐函数求导法则、参数方程确定的函数求导方法及对数求导法则的理解.

实训内容：

1. 求下列隐函数的导数.

(1)设 $x^2+\sin y-e^x=0$；

(2) $\sin x+\ln y+2^x-5=0$.

2. 设方程 $\begin{cases}x=t^2,\\ y=t+5\end{cases}$ 确定了函数 $y=f(x)$，求 $\frac{dy}{dx}$.

3. 求函数 $y=x^x(x>0)$ 的导数.

实训 3 能力提高与应用实训

实训目的:通过该实训,进一步提高学生的综合解题能力.

实训内容:

1. 求椭圆 $\frac{x^2}{16}+\frac{y^2}{9}=1$ 在点 $\left(2,\frac{3}{2}\sqrt{3}\right)$ 处的切线方程.

2. 求由参数方程 $\begin{cases}x=\sin t,\\ y=\cos 2t\end{cases}$ 在 $t=\frac{\pi}{4}$ 处的切线方程和法线方程.

3.5 函数的微分

3.5.1 知识点归纳与解析

1. 微分的概念.

函数 $y=f(x)$ 在定义域内一点 x_0 处的微分:$\mathrm{d}y\big|_{x=x_0}=f'(x_0)\mathrm{d}x$.

函数 $y=f(x)$ 在定义域内任意点 x 处的微分称为函数的微分,$\mathrm{d}y=f'(x)\mathrm{d}x$. 函数的微分等于函数的导数乘以自变量的微分。

2. 微分法则与微分基本公式.

由 $\mathrm{d}y=f'(x)\mathrm{d}x$ 可知,要计算函数的微分,只要求出函数的导数,再乘以自变量的微分就可以了. 而由导数的基本公式与运算法则就可以直接推导出微分的基本公式与运算法则.

3. 一阶微分形式不变性.

不论 u 是自变量还是中间变量,函数的微分形式总是 $\mathrm{d}y=f'(u)\mathrm{d}u$,这个性质称为微分形式不变性.

3.5.2 题型分析与举例

例 1 已知 $y=x^2e^x$，求 dy.

分析 求函数的微分有两种方法：一是先求函数的导数 $f'(x)$，然后再利用 $dy=f'(x)dx$ 写出微分. 二是直接利用微分法则求 dy.

解 **方法一** 因为 $y'=(x^2)'e^x+x^2(e^x)'=2xe^x+x^2e^x=xe^x(2+x)$，所以

$$dy=y'dx=xe^x(2+x)dx.$$

方法二 $dy=d(x^2)e^x+x^2d(e^x)=2xe^xdx+x^2e^xdx=xe^x(2+x)dx$.

例 2 已知 $y=\ln(e^x+\sqrt{e^{2x}+1})$，求 $dy|_{x=1}$.

分析 求 y 在 $x=1$ 处的微分，先求出 dy. 求 dy 除了利用 $dy=f'(x)dx$，即会求导数就能写出微分，还可以利用微分形式不变性，但要分清复合层次以及中间变量.

解 $$dy=\frac{1}{e^x+\sqrt{e^{2x}+1}}d(e^x+\sqrt{e^{2x}+1})=\frac{1}{e^x+\sqrt{e^{2x}+1}}\left(e^xdx+\frac{de^{2x}}{2\sqrt{e^{2x}+1}}\right)$$

$$=\frac{1}{e^x+\sqrt{e^{2x}+1}}\left(e^x+\frac{e^{2x}}{\sqrt{e^{2x}+1}}\right)dx=\frac{e^x}{\sqrt{e^{2x}+1}}dx\text{，则 } dy|_{x=1}=\frac{e}{\sqrt{e^2+1}}dx.$$

3.5.3 实训

实训 1 基础知识实训

实训目的：通过该实训，加深学生对微分概念的理解，熟悉微分法则与微分基本公式.

实训内容：

1. 写出微分的定义式.

2. 写出函数和、差、积、商的微分法则.

3. 将适当的函数填入下列括号，使等式成立.

(1) $\frac{1}{\sqrt{1-x^2}}dx=d(\quad)$； (2) $d(\quad)=\frac{1}{1+x}dx$； (3) $2^xdx=d(\quad)$；

(4) $d(\quad)=\frac{1}{x}dx$； (5) $\sec^2 xdx=d(\quad)$； (6) $d(\quad)=\sin xdx$.

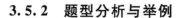

实训 2 基本能力实训

实训目的： 通过该实训，进一步加深学生对微分概念、微分法则、微分形式不变性的理解.

实训内容：

1. 求 $y=\sqrt{x}\sin x$ 的微分 dy.

2. 求 $y=[\ln(1+x^2)]^2$ 的微分 dy.

实训 3 能力提高与应用实训

实训目的： 通过该实训，提高学生综合解题能力.

实训内容：

1. 求函数 $y=1+xe^y$ 的微分 dy.

2. 求 $y=\sqrt[a]{x}-\sqrt[x]{a}$ 的微分 dy.

3.6 函数微分的应用

3.6.1 知识点归纳与解析

1. 函数微分在近似计算中的应用.

当 $|\Delta x|$ 很小时，我们常用的近似计算公式有：

(1) $\Delta y\approx dy=f'(x_0)\Delta x$；

(2) $f(x_0+\Delta x)\approx f(x_0)+f'(x_0)\Delta x$；

(3) $f(x)\approx f(x_0)+f'(x_0)(x-x_0)$.

2. 当 $|x|$ 很小时，几个常用的近似公式：

$\sqrt[n]{1+x}\approx 1+\dfrac{x}{n}$； $e^x\approx 1+x$； $\ln(1+x)\approx x$； $\sin x\approx x$； $\tan x\approx x$.

3. 函数微分在误差估计中的应用.

当 $|\Delta x|\leqslant\delta$（$\delta$ 为最大绝对误差）时，可以用 $|f'(x)|\cdot\delta$ 作为近似值的最大绝对误差，用 $\left|\frac{f'(x)}{f(x)}\right|\cdot\delta$ 作为它的最大相对误差.

3.6.2　题型分析与举例

例 1　已知 $f(x)=\arcsin x$，求 $f(0.4988)$.

分析　本题求的是函数的近似值，首先应适当确定自变量的初值与增量. 因为

$$0.4988=0.5+(-0.0012).$$

当 $x=0.5$ 时，$f(x)$ 和 $f'(x)$ 的值都容易计算，因此可取 $x=0.5$，$\Delta x=-0.0012$.

解　因为 $f'(x)=\frac{1}{\sqrt{1-x^2}}$，所以

$$\begin{aligned}f(0.4988)&\approx f(0.5)+f'(0.5)\times(-0.0012)\\&=\arcsin 0.5+\frac{1}{\sqrt{1-(0.5)^2}}\times(-0.0012)\\&=\frac{\pi}{6}-\frac{0.0012}{\frac{\sqrt{3}}{2}}\approx 0.52.\end{aligned}$$

例 2　计算 $\sqrt[5]{1.05}$ 的近似值.

解　$\sqrt[5]{1.05}=\sqrt[5]{1+0.05}$，这里 $x=0.05$，其值较小，利用近似公式 $\sqrt[n]{1+x}\approx 1+\frac{x}{n}$（$n=5$ 的情形），可得

$$\sqrt[5]{1.05}\approx 1+\frac{1}{5}\times(0.05)=1.01.$$

3.6.3　实训

实训 1　基础知识实训

实训目的：通过该实训，使学生进一步熟悉微分概念和几个常用的近似公式.

实训内容：

1. 当 $|\Delta x|$ 很小时，$\Delta y\approx dy=($　　　　$)$.

2. 当 $|x|$ 很小时，$\sqrt[n]{1+x}\approx($　　　　$)$；$\sin x\approx($　　　$)$；$e^x\approx($　　　$)$.

实训 2　基本能力实训

实训目的：通过该实训，进一步加深学生对函数微分在近似计算中的应用的理解.

实训内容：

1. 利用微分计算 $\sin 30°30'$ 的近似值.

2. 计算 $\ln 1.001$ 的近似值.

实训 3　能力提高与应用实训

实训目的： 通过该实训，培养学生利用函数微分解决实际问题的能力.

实训内容：

设从一批具有均匀密度的钢球中，要把所有那些直径等于 1 cm 的球挑选出来，如果挑选出来的球在直径上允许有 3%的相对误差，并且挑选的方法是以质量作为依据，求挑选出球质量上的相对误差是多少(钢的密度为 7.6 g/cm^3)？

第4章　导数的应用

4.1　中值定理和洛必达法则

4.1.1　知识点归纳与解析

1. 微分中值定理.

(1)罗尔定理；

(2)拉格朗日中值定理；

(3)罗尔定理和拉格朗日中值定理的几何意义.

2. 洛必达法则.

(1)洛必达法则1：利用洛必达法则求解“$\frac{0}{0}$”型未定式.

(2)洛必达法则2：利用洛必达法则求解“$\frac{\infty}{\infty}$”型未定式.

(3)“$0\cdot\infty$”、“$\infty-\infty$”、“0^0”、“∞^0”和“1^∞”等其他类型未定式的求解方法.

4.1.2　题型分析与举例

1. 验证函数是否满足罗尔定理或拉格朗日中值定理.

凡是验证中值定理正确与否的命题，一般要验证两点：

(1)定理的条件是否满足；

(2)若条件满足，求出定理结论中的 ξ 值.

例1　验证函数 $f(x)=x^2-2x-3$ 在区间$[-1,3]$上满足罗尔定理.

解　$f(x)=x^2-2x-3=(x+1)(x-3)$，

$f'(x)=2x-2, f(-1)=f(3)=0.$

显然，$f(x)$在区间$[-1,3]$上满足罗尔定理的三个条件，存在 $\xi=1\in(-1,3)$，使得 $f'(\xi)=0$. 符合罗尔定理的结论.

2. 利用中值定理证明有关命题或不等式，证明函数在某区间内至少一点满足…，或讨论函数的零点或方程在给定区间内根的存在性和根的个数等.

例2　不求导数，判断函数 $f(x)=(x-1)(x-2)(x-3)$的导数有几个零点及这些零点的所在范围？

解　因为 $f(1)=f(2)=f(3)=0$，所以 $f(x)$在闭区间$[1,2]$、$[2,3]$上满足罗尔定理的三个条件，因此，在$(1,2)$内至少存在一点 ξ_1，使得 $f'(\xi_1)=0$，即 ξ_1 是 $f'(x)$的一个零点；同理，又在$(2,3)$内至少存在一点 ξ_2，使得 $f'(\xi_2)=0$，即 ξ_2 是 $f'(x)$的又一个零点.

又因为 $f'(x)$为二次多项式，最多只能有两个零点，故 $f'(x)$恰好有两个零点，分别在区间$(1,2)$，$(2,3)$内.

3.作为拉格朗日中值定理的一个应用，推论1表明，导数为零的函数就是常数函数.这一结论常常用在某些等式的证明中.

例3 证明 $\arcsin x+\arccos x=\frac{\pi}{2}, x\in[-1,1]$.

证明 设 $f(x)=\arcsin x+\arccos x, x\in[-1,1]$，因为

$$f'(x)=\frac{1}{\sqrt{1-x^2}}+\left(-\frac{1}{\sqrt{1-x^2}}\right)=0,$$

所以 $f(x)\equiv C, x\in[-1,1]$，又因为 $f(0)=\arcsin 0+\arccos 0=\frac{\pi}{2}$，

故 $C=\frac{\pi}{2}$，从而 $$\arcsin x+\arccos x=\frac{\pi}{2}.$$

4.利用洛必达法则求解"$\frac{0}{0}$"、"$\frac{\infty}{\infty}$"型未定式的方法和注意事项.

(1)法则中将 $x\to a$ 改为 $x\to\infty$ 仍然成立.

(2)如果 $\frac{f'(x)}{g'(x)}$ 仍属"$\frac{0}{0}$"或"$\frac{\infty}{\infty}$"型，且这时 $f'(x)$、$g'(x)$ 能满足定理中的 $f(x)$、$g(x)$ 所需满足的条件，那么仍使用洛必达法则，即 $\lim\limits_{x\to a}\frac{f(x)}{g(x)}=\lim\limits_{x\to a}\frac{f'(x)}{g'(x)}=\lim\limits_{x\to a}\frac{f''(x)}{g''(x)}$，依此类推，直到求出所要求的极限.

(3)洛必达法则是求解未定式的一种有效方法，如果与其他求极限的方法结合使用会取得很好的效果，例如，对于"$\frac{0}{0}$"型未定式求极限，常常与等价无穷小的替换结合使用，使运算尽量简洁.

(4)每次使用洛必达法则时均应检查是否为"$\frac{0}{0}$"或"$\frac{\infty}{\infty}$"型未定式，若不是则不能使用.

例4 求下列函数的极限：

(1) $\lim\limits_{x\to 2}\frac{x^3-8}{x-2}$； (2) $\lim\limits_{x\to 0}\frac{x-\sin x}{\tan(x^3)}$.

解 (1) $\lim\limits_{x\to 2}\frac{x^3-8}{x-2}=\lim\limits_{x\to 2}\frac{(x^3-8)'}{(x-2)'}=\lim\limits_{x\to 2}\frac{3x^2}{1}=12$.

(2)因为 $x\to 0$ 时 $$\tan(x^3)\sim x^3, 1-\cos x\sim\frac{1}{2}x^2,$$

所以 $$\lim_{x\to 0}\frac{x-\sin x}{\tan(x^3)}=\lim_{x\to 0}\frac{x-\sin x}{x^3}=\lim_{x\to 0}\frac{1-\cos x}{3x^2}=\lim_{x\to 0}\frac{\frac{1}{2}x^2}{3x^2}=\frac{1}{6}.$$

5.其他一些未定式，如"$0\cdot\infty$"、"$\infty-\infty$"、"0^0"、"∞^0"和"1^∞"等，均可化为"$\frac{0}{0}$"或"$\frac{\infty}{\infty}$"型未定式后求解.

例5 求下列函数的极限：

(1) $\lim\limits_{x\to 0^+}x^2\ln x$； (2) $\lim\limits_{x\to 0^+}x^x$.

解 (1) $\lim\limits_{x\to 0^+}x^2\ln x=\lim\limits_{x\to 0^+}\frac{(\ln x)'}{\left(\frac{1}{x^2}\right)'}=\lim\limits_{x\to 0^+}\frac{\frac{1}{x}}{-\frac{2}{x^3}}=-\lim\limits_{x\to 0^+}\frac{\frac{1}{2}}{\frac{1}{x^2}}=0$.

(2) $\lim\limits_{x\to 0^+}x^x=\lim\limits_{x\to 0^+}e^{\ln x^x}=e^{\lim\limits_{x\to 0^+}x\ln x}$，而

$$\lim_{x\to 0^+} x\ln x=\lim_{x\to 0^+}\frac{\ln x}{\frac{1}{x}}=\lim_{x\to 0^+}\frac{\frac{1}{x}}{-\frac{1}{x^2}}=\lim_{x\to 0^+}(-x)=0,$$

所以

$$\lim_{x\to 0^+} x^x=e^0=1.$$

4.1.3　实训

实训 1　基础知识实训

实训目的：通过该实训，进一步加深学生对中值定理的理解，了解洛必达法则的内容.

实训内容：

1.讨论罗尔定理和拉格朗日中值定理的条件和结论中的共同点和不同点，说明二者的关系.

2.如果罗尔定理的三个条件中有一个不满足，定理的结论是否还能成立，请举例说明.

3.拉格朗日中值定理的几何意义是什么？

4.叙述洛必达法则的内容并说明洛必达法则的条件是充分的还是必要的？如果$\frac{f'(x)}{g'(x)}$的极限不存在，是否能够说明$\lim\limits_{\substack{x\to x_0\\(x\to\infty)}}\frac{f(x)}{g(x)}$不存在？

实训 2　基本能力实训

实训目的：通过该实训，进一步加深学生对中值定理的理解，初步掌握使用洛必达法则求解函数极限的方法.

实训内容：

1.下列函数在给定区间上满足罗尔定理条件的是(　　).

A. $f(x)=(x-1)^{\frac{2}{3}}$ $[0,2]$　　B. $f(x)=x^3-4x+3$ $[1,3]$

C. $f(x)=x\cos x$ $[0,\pi]$　　D. $f(x)=\begin{cases}x+1, & x<3,\\ 1, & x\geqslant 3\end{cases}$ $[0,3]$

2. 验证函数 $f(x)=x^3-3x$ 在$[0,2]$上满足拉格朗日定理的条件，并求出 ξ 的值.

3. 求下列极限.

(1) $\lim\limits_{x\to 0}\dfrac{\sin kx}{x}(k\neq 0)$；

(2) $\lim\limits_{x\to 1}\dfrac{x^3-3x+2}{x^3-x^2-x+1}$；

(3) $\lim\limits_{x\to +\infty}\dfrac{\ln x}{x^a}(a>0)$；

(4) $\lim\limits_{x\to +\infty}\dfrac{x^2}{e^x}$；

(5) $\lim\limits_{x\to 0}\dfrac{\tan x-x}{x^2\tan x}$；

(6) $\lim\limits_{x\to 0}\dfrac{e^x-e^{-x}}{\sin x}$.

实训 3　能力提高与应用实训

实训目的：该实训进一步强化学生对拉格朗日中值定理推论的应用；强化学生利用洛必达法则求解其他形式未定式的训练.

实训内容：

1. 下列函数在给定区间上是否满足拉格朗日中值定理的条件？

(1) $f(x)=\begin{cases}\dfrac{3-x^2}{2}, & 0\leqslant x\leqslant 1,\\ \dfrac{1}{x}, & x>1\end{cases}$　$[0,2]$；

(2) $f(x)=\begin{cases}2-\ln x, & \dfrac{1}{e}\leqslant x\leqslant 1,\\ \dfrac{1}{2^{x-1}}+1, & 1<x\leqslant 3\end{cases}$　$\left[\dfrac{1}{e},3\right]$.

2.设 $f(x)=x(x^2-1)(x-4)$,则 $f'(x)=0$ 有______个根,它们分别位于区间__________.

3.若 $0<a<b$,证明 $\dfrac{b-a}{b}<\ln\dfrac{b}{a}<\dfrac{b-a}{a}$.

4.求下列函数的极限:

(1)$\lim\limits_{x\to 0}\left(\dfrac{1}{\sin x}-\dfrac{1}{x}\right)$;

(2) $\lim\limits_{x\to 1}(1-x)\tan\dfrac{\pi x}{2}$;

(3)$\lim\limits_{x\to 0}x^2\mathrm{e}^{\frac{1}{x^2}}$;

(4)$\lim\limits_{x\to 1}\left(\dfrac{x}{x-1}-\dfrac{1}{\ln x}\right)$;

(5) $\lim\limits_{x\to 1}x^{\frac{1}{1-x}}$;

(6) $\lim\limits_{x\to 0}\left(1+\dfrac{1}{x^2}\right)^x$;

(7) $\lim\limits_{x\to 0^+}\left(\dfrac{1}{x}\right)^{\sin x}$;

(8) $\lim\limits_{x\to 1}x^{\frac{1}{1-x}}$.

4.2 函数的单调性

4.2.1 知识点归纳与解析

1. 函数单调性判定定理.

设函数 $y=f(x)$在(a,b)内可导.

(1)如果在(a,b)内 $f'(x)>0$,那么函数 $f(x)$在$[a,b]$上单调递增;

(2)如果在(a,b)内 $f'(x)<0$,那么函数 $f(x)$在$[a,b]$上单调递减.

注意:该判别法对于函数在开区间(a,b),半开半闭区间$[a,b)$,$(a,b]$以及无穷区间$(-\infty,+\infty)$,$(x_0,+\infty)$等均是成立的.

2. 确定函数单调性的一般步骤.

(1)确定函数的定义域;

(2)求出 $f'(x)$,找出 $f'(x)=0$ 的点和 $f'(x)$不存在的点,以这些点为分界点,将定义域分成若干个子区间;

(3)确定各个子区间上 $f'(x)$的符号,从而确定函数的单调性.

4.2.2 题型分析与举例

1. 判断函数在给定区间上的单调性.利用函数单调性的判定定理,通过讨论一阶导数在开区间上的正负,判断函数在闭区间上的单调性.

例 1 判定函数 $f(x)=x-\sin x$ 在$[0,2\pi]$上的单调性.

解 在$(0,2\pi)$内,$f'(x)=1-\cos x>0$,所以,$f(x)$在$[0,2\pi]$上单调递增.

2. 确定函数的单调区间并讨论在各区间上的单调性.

例 2 确定函数 $f(x)=x^3-3x$ 的单调区间.

解 (1) 函数 $f(x)$的定义域为$(-\infty,+\infty)$;

(2) $f'(x)=3x^2-3=3(x-1)(x+1)$,令 $f'(x)=0$ 得 $x_1=-1,x_2=1$,它们将定义域分为三个子区间:$(-\infty,-1)$,$(-1,+1)$,$(1,+\infty)$;

(3)列表确定函数的单调区间见表 4-1:

表 4-1

x	$(-\infty,-1)$	$(-1,1)$	$(1,+\infty)$
$f'(x)$	+	−	+
$f(x)$	单调增加	单调减少	单调增加

由该表可知,函数 $f(x)$的单调递增区间为$(-\infty,-1)$和$(1,+\infty)$,单调递减区间为$(-1,1)$.

3. 利用函数的单调性证明不等式,关键是构造恰当的辅助函数,通过讨论函数在指定区间上的单调性,证明不等式.

例 3 试证明:当 $x>0$ 时,$\ln(1+x)>\dfrac{x}{1+x}$.

证明 设函数 $f(x)=\ln(1+x)-\dfrac{x}{1+x}$,因 $f(x)$在$[0,+\infty)$上连续,当 $x>0$ 时,

$$f'(x)=\frac{1}{1+x}-\frac{1+x-x}{(1+x)^2}=\frac{x}{(1+x)^2}>0,$$

所以 $f(x)$在$[0,+\infty)$上单调增加，又 $f(0)=0$，因此当 $x>0$ 时，恒有 $f(x)>f(0)$，即 $\ln(1+x)>\frac{x}{1+x}$.

备注：运用函数的单调性证明不等式的关键在于构造适当的辅助函数，并研究它在指定区间内的单调性.

4.2.3　实训

实训 1　基础知识实训

实训目的：通过该实训，加深学生对单调性判别定理的理解和掌握.

实训内容：

1. 填空题

(1)函数 $y=f(x)$在某个区间内可导，若 $f'(x)>0$，则 $f(x)$为__________；若 $f'(x)<0$，则 $f(x)$为__________.

(2)如果在某个区间内恒有 $f'(x)=0$，则 $f(x)$__________.

(3)求可导函数单调区间的一般步骤和方法：

①确定函数 $f(x)$的________；

②求 $f'(x)$，令________，解此方程，求出它在定义区间内的一切实根；

③把函数 $f(x)$的间断点(即 $f(x)$的无定义点)的横坐标和上面的各个实根按由小到大的顺序排列起来，然后用这些点把函数 $f(x)$的定义区间分成若干个小区间；

④确定 $f'(x)$在各小开区间内的________，根据 $f'(x)$的符号判定函数 $f(x)$在各个相应小开区间内的增减性.

2. 若 $f(x)$在 $x=x_0$ 处取得极大值，则 $f(x)$在 $x=x_0$ 处的导数必(　　).

A. $=0$　　B. $=1$　　C. 不存在　　D. $=0$ 或不存在

实训 2　基本能力实训

实训目的：通过该实训，学生对单调性判别定理的理解和掌握，能够判断给定函数的单调性.

实训内容：

1. 在(a,b)内 $f'(x)>0$ 是函数 $f(x)$在(a,b)内单调增加的(　　).

A. 充要条件　　B. 充分条件　　C. 必要条件　　D. 无关条件

2. 设 $f(x)$在$[a,b]$上连续，在(a,b)内可导，且 $f'(x)>0$ 若 $f(b)<0$，则在(a,b)内 $f(x)$(　　).

A. 小于 0　　B. 大于 0　　C. 大于等于 0　　D. 等于 0

3. 求下列函数的单调区间：

(1) $f(x)=x^4-2x^2-3$；　　(2) $f(x)=e^x-x-1$；

(3) $f(x)=x-2\sin x \quad (0\leqslant x\leqslant 2\pi)$；　　　　(4) $f(x)=\dfrac{x^2}{1+x}$.

实训3　能力提高与应用实训

实训目的：通过学生对单调性判别定理的理解和掌握，能够判断给定函数的单调性，会利用单调性判别定理证明简单的不等式.

实训内容：

1. 如果函数 $y=f(x)$ 的图象如右图所示，那么导函数 $y=f'(x)$ 的图象可能是（　　）.

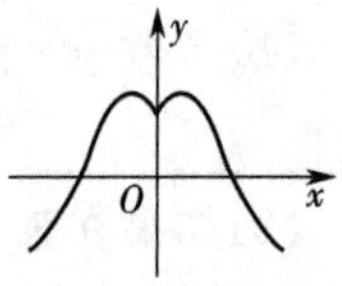

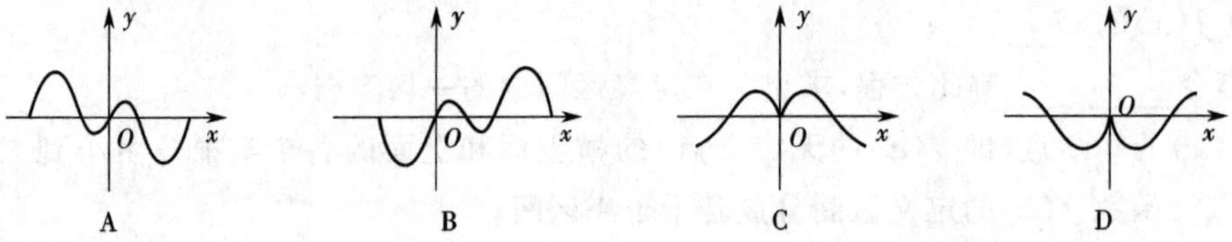

2. 运用单调性证明不等式.

(1) $x>\ln(1+x) \quad (x>0)$；　　　　(2) $\tan x>x-\dfrac{1}{3}x^3, x\in\left(0,\dfrac{\pi}{2}\right)$；

(3) $\cos x>1-\dfrac{x^2}{2} \quad (x\neq 0)$.

4.3　函数的极值和最值

4.3.1　知识点归纳与解析

1. 极值及其判别法.

(1)函数极大值和极小值的定义.

(2)极值的必要条件.

如果函数 $y=f(x)$在点 x_0 的一个邻域 U 内有定义，$f(x)$在 x_0 可导，那么 x_0 是函数 $f(x)$的极值点的必要条件是 $f'(x)=0$.

(3)极值第一充分判别法.

设函数 $f(x)$在点 x_0 处连续，且在 x_0 的去心邻域内可导，

①如果当 $x<x_0$ 时，$f'(x)>0$，当 $x>x_0$ 时，$f'(x)<0$，那么 $f(x)$在 x_0 点处取得极大值 $f(x_0)$；

②如果当 $x<x_0$ 时，$f'(x)<0$，当 $x>x_0$ 时，$f'(x)>0$，那么 $f(x)$在 x_0 点处取得极小值 $f(x_0)$；

③ 如果在 x_0 的左右两侧，$f'(x)$不变号，那么 $f(x)$在 x_0 点处不取得极值.

(4)极值第二充分判别法.

设函数 $f'(x)$在 x_0 处的二阶导数存在，且 $f'(x_0)=0$，$f''(x_0)\neq 0$，则 x_0 是函数的极值点，$f(x_0)$是函数的极值，并且

①如果 $f''(x_0)>0$，那么 x_0 为极小值点，$f(x_0)$是函数的极小值；

②如果 $f''(x_0)<0$，那么 x_0 为极大值点，$f(x_0)$是函数的极大值；

③如果 $f''(x_0)=0$，则该定理失效.

(5)求函数极值的步骤.

①求出函数的定义域；

②求出函数的导数 $f'(x)$，令 $f'(x)=0$ 求出函数的驻点和不可导点；

③以这些点为分界点将定义域分成若干个子区间，考察每个区间上 $f'(x)$的符号；

④根据定理，通过在驻点或导数不存在的点左右两侧一阶导数的正负，确定是否为极值点，并求函数的极值.

2. 闭区间上连续函数的最值问题求解.

(1)最值的定义.

(2)闭区间上函数最值的求解步骤：

①求出函数 $f(x)$在(a,b)内的全部驻点和不可导点(即求出所以可能的极值点)；

②计算步骤(1)中各点对应的函数值及两端点处的函数值 $f(a)$，$f(b)$；

③比较步骤(2)中诸函数值的大小，其中最大的就是最大值，最小的就是最小值.

3. 实际应用中的最值问题.

求解实际应用的最值问题步骤：

(1)建立目标函数，建立目标函数是实际应用问题求最值的关键；

(2)根据问题求解函数的最值.

4.3.2　题型分析与举例

1. 利用极值第一充分判别法，求函数的极值.

例 1 求函数 $f(x)=\frac{2}{3}x-(x-1)^{\frac{2}{3}}$ 的极值.

解 (1)定义域 D:$(-\infty,+\infty)$;

(2)$f'(x)=\frac{2}{3}\frac{\sqrt[3]{x-1}-1}{\sqrt[3]{x-1}}$;令 $f'(x)=0$,得 $x=2$,且 $x=1$ 为不可导点;

(3)它们将定义域分为三个子区间,如表 4-2 所示:

表 4-2

x	$(-\infty,1)$	1	$(1,2)$	2	$(2,+\infty)$
$f'(x)$	+	0	−	不可导	+
$f(x)$	单调增加	极大值	单调减少	极小值	单调增加

从表中得知:$x=1$ 是极大值点,极大值 $f(1)=\frac{2}{3}$;$x=2$ 是极小值点,极小值 $f(2)=\frac{1}{3}$.

2.利用函数极值第二充分判别法,求函数极值.

例 2 求函数 $f(x)=(x^2-1)^3+1$ 的极值.

解 函数定义域 D:$(-\infty,+\infty)$;

$f'(x)=6x(x^2-1)^2$,驻点为 $x=-1,x=0,x=1$,无不可导点;

$f''(x)=6(x^2-1)(5x^2-1)$,因为 $f''(0)=6>0$,所以 $f(0)=0$ 为极小值;

因为 $f''(-1)=f''(1)=0$,所以对于点 $x=-1,x=1$,第二判断法失效,需应用第一判别法,因为 $f'(x)$ 在 $x=-1$ 两侧符号都为负,在 $x=1$ 两侧符号都为正,所以 $f(-1),f(1)$都不是极值.

3.求闭区间上连续函数的最值.

例 3 求函数 $f(x)=x^3-3x^2-9x+5$ 在$[-2,6]$上的最大值和最小值.

解 (1)$f'(x)=3x^2-6x-9=3(x+1)(x-3)$,驻点为 $x=-1,x=3$,得 $f(-1)=10,f(3)=-22$;

(2)端点处的函数值 $f(-2)=3,f(6)=59$;

(3)比较大小得最大值为 $f(6)=59$,最小值为 $f(3)=-22$.

4.求解实际应用中的最值问题.

例 4 用边长为 48 cm 的正方形铁皮做一个无盖的铁盒时,在铁皮的四角各截去一个面积相等的小正方形,然后把四边折起,就能焊成铁盒,问在四角截去多大的正方形,方能使所做的铁盒容积最大?

解 设截去的小正方形边长为 x cm,铁盒的容积为 V cm^3,则根据题意,有

$$V=x(48-2x)^2(0<x<24).$$

问题为当 x 为何值时,函数 V 在$(0,24)$内取得最大值.

求导得 $V'=(48-2x)^2+x\cdot 2(48-2x)(-2)=12(24-x)(8-x)$.

在$(0,24)$内仅有一个驻点 $x=8$,而铁盒一定存在最大容积,所以当 $x=8$ 时,V 取得最大值,即当所截去的小正方形的边长为 8 cm 时,铁盒的容积最大.

4.3.3 实训

实训 1　基础知识实训

实训目的:通过该实训,加深学生对极值、最值等基本概念的理解,能够分辨函数最值与极值的联系和区别.

实训内容:

1.极值的概念:设函数 $f(x)$在点 x_0 附近有定义,且对 x_0 附近的所有点都有________(或________),则称 $f(x_0)$为函数的一个极大(小)值.称 x_0 为极大(小)值点.

2.如果 $f(x)$在区间$[a,b]$上连续,$f(x_0)(a<x_0<b)$是 $f(x)$的极大值,那么在$[a,b]$上,$f(x)<f(x_0)$成立,这句话对吗,为什么?

3.什么是驻点?是否只有驻点才能是极值点?怎样寻找可能是极值点的点?

实训 2　基本能力实训

实训目的:通过该实训,进一步加深学生对极值、最值等基本概念的理解,能够了解函数驻点的定义和函数取得极值的充分条件,会求函数的极值,能够求解闭区间上连续函数的最值问题.

实训内容:

1.下列说法是否正确,为什么?

(1)若 $f'(x)=0$,则 x_0 为 $f(x)$的极值点;

(2)若 $f'(x-0)>0$, $f'(x+0)<0$,则 $f(x)$在 x_0 点处取得极大值;

(3)$f(x)$的极值点一定是驻点或不可导点,反之则不成立;

(4)若函数 $f(x)$在区间(a,b)内仅有一个驻点,则该点一定是函数的极值点;

(5)设 x_1,x_2 分别是函数 $f(x)$的极大值点和极小值点,则必有 $f(x_1)>f(x_2)$;

(6)设函数 $f(x)$在 x_0 处取得极值,则曲线 $y=f(x)$在点$(x_0,f(x_0))$处必有平行于 x 轴的切线.

2.求下列函数的极值.

(1)$f(x)=x^2-2x+3$;　　(2)$f(x)=x+\dfrac{1}{x}$;

(3) $f(x)=x+\sqrt{1-x}$；

(4) $f(x)=3-2(x-1)^{\frac{1}{3}}$.

3. 求下列函数的最大值和最小值：

(1) $y=2x^3-6x^2-18x-7, x\in[1,4]$；

(2) $y=\sin 2x-2, x\in\left[-\frac{\pi}{2},\frac{\pi}{2}\right]$；

(3) $y=x+\frac{1}{x}, x\in[0.01,100]$；

(4) $y=x^{\frac{2}{3}}(x^2-1)^{\frac{1}{3}}, x\in[0,2]$.

实训 3　能力提高与应用实训

实训目的：通过该实训，使学生熟练掌握利用极值判定的充分条件求函数极值的方法和求解最值问题.

实训内容：

1. 下列说法是否正确，为什么？

(1) 若函数 $f(x)$ 在 x_0 的某邻域内处处可微，且 $f'(x_0)=0$，则函数 $f(x)$ 必在 x_0 处取得极值.

(2) 函数 $f(x)=x+\sin x$ 在 $(-\infty,+\infty)$ 内无极值.

2. 要造一个容积为 V 的圆柱形容器(无盖),问底面半径和高分别为多少时所用材料最省.

3. 某种型号的收音机,当单价为 350 元时,某商店可销售 1080 台,当价格每降低 5 元,商店可多销售 20 台,试求使商店获得最大收入的价格、销售量及最大收入.

4. 已知汽车行驶时每小时的耗油量为 y(元),与行驶速度 x(km/h)的关系为 $y=\frac{1}{2500}x^3$,若汽车行驶时除耗油费用外的其他费用为每小时 100 元,求最经济的行驶速度.

4.4　函数图形的凹凸性与拐点

4.4.1　知识点归纳与解析

1. 曲线凹凸性及拐点的定义.

2. 曲线凹凸性判定定理.

设函数 $f(x)$ 在区间 (a,b) 内具有二阶导数,则

(1) 若 $x\in(a,b)$ 时,恒有 $f''(x)>0$,那么曲线 $y=f(x)$ 在 (a,b) 内是凹的;

(2) 若 $x\in(a,b)$ 时,恒有 $f''(x)<0$,那么曲线 $y=f(x)$ 在 (a,b) 内是凸的.

3. 求函数曲线的拐点:

(1)求 $f''(x)$;

(2)令 $f''(x)=0$,解出这方程在区间(a,b)内的实根 x_0 及使得 $f''(x)$不存在的点 x_0(即二阶不可导点);

(3)检查在 x_0 的左右近旁 $f''(x)$的符号:如果在 x_0 的左右近旁,$f''(x)$的符号相反,则点$(x_0,f(x_0))$是曲线的拐点;如果在 x_0 的左右近旁,$f''(x)$的符号相同,则点$(x_0,f(x_0))$不是拐点.

4.4.2 题型分析与举例

1.判断曲线的凹凸性,利用凹凸性判定定理,通过函数二阶导数的正负判断函数曲线的凹凸性.

例 1 判断曲线 $y=x^3$ 的凹凸性.

解 函数定义域 $D:(-\infty,+\infty)$.则

$$y'=3x^2,\ y''=6x.$$

当 $x<0$,$y''<0$,故 $y=x^3$ 在$(-\infty,0)$上是凸的;当 $x>0$,$y''>0$,故 $y=x^3$ 在$(0,+\infty)$上是凹的.

2.求曲线的凹凸区间和拐点.

例 2 讨论曲线 $f(x)=x^4-2x^3+1$ 的凹凸区间和拐点.

解 函数定义域 $D:(-\infty,+\infty)$. $f'(x)=4x^3-6x^2$, $f''(x)=12x(x-1)$.令 $f''(x)=0$,得 $x_1=0$,$x_2=1$.

列表讨论,见表 4-3.

表 4-3

x	$(-\infty,0)$	0	$(0,1)$	1	$(1,+\infty)$
$f''(x)$	+	0	—	0	+
曲线 $f(x)$	凹	拐点$(0,1)$	凸	拐点$(1,0)$	凹

因此,曲线在$(-\infty,0)$和$(1,+\infty)$两个区间上是凹的,在区间$(0,1)$上是凸的,$(0,1)(1,0)$为曲线的拐点.

4.4.3 实训

实训 1 基础知识实训

实训目的:通过该实训,加深学生对曲线凹凸性和几何意义的了解.

实训内容:

1.在曲线弧上,如果任取两点,若连接该两点的弦总位于两点间弧的上方,则称该曲线是(　　　　);反之,称该曲线是(　　　　).

2.下列说法正确的是(　　).

A.若$(x_0,f(x_0))$为曲线 $y=f(x)$的拐点,则 $f''(x)=0$

B.若 $f''(x)=0$,则$(x_0,f(x_0))$必为曲线 $y=f(x)$的拐点

C.若$(x_0,f(x_0))$为曲线 $y=f(x)$的拐点,则必有 $f''(x)=0$ 或 $f''(x)$不存在

D.若$(x_0,f(x_0))$为曲线 $y=f(x)$的拐点,则在该点处,曲线必有切线

3.曲线的凹凸性有明显的几何特征,当 x 逐渐增加时,对于凹曲线,其上每一点的切线斜率为(　　　　).

实训 2 基本能力实训

实训目的:通过该实训,进一步加深学生对曲线凹凸性和拐点的理解,掌握曲线的凹凸的判定方法,会

求曲线的凹凸区间和拐点.

实训内容：

1. 若在(a,b)内，$f'(x)>0$，且$f''(x)<0$，则在(a,b)内$f(x)$(　　).

A. 单调增加且图形为凹　　B. 单调增加且图形为凸

C. 单调减少且图形为凹　　D. 单调减少且图形为凸

2. 确定下列曲线的凹凸区间和拐点.

(1)$y=xe^x$；　　(2)$y=3x^4-4x^3+1$；

(3)$y=x+\frac{1}{x}$；　　(4)$f(x)=(x-2)^{\frac{5}{3}}$.

实训 3　能力提高与应用实训

实训目的：通过该实训，使学生熟练掌握曲线凹凸性的判定定理，能够通过曲线凹凸性、拐点，列出函数导数表达式，求解常数.

实训内容：

1. 设点(1,3)是曲线$y=ax^3+bx^2+1$的拐点，求a与b的值.

2. 已知点(2,4)是曲线$y=x^3+ax^2+bx+c$的拐点，且在点$x=3$处取得极值，求a,b,c.

3. 在什么条件下曲线 $y=x^4+ax^3+bx^2+cx+d$ 没有拐点?

4.5 函数图形的描绘

4.5.1 知识点归纳与解析

1. 渐近线的定义及分类.

根据函数图像的变化趋势,主要掌握函数的两种渐近线:

(1)水平渐近线;

(2)铅直渐近线的判定.

2. 函数图像的描绘.

利用导数描绘函数 $y=f(x)$ 图形的一般步骤为:

(1)确定函数 $y=f(x)$ 的定义域(确定图像范围),讨论函数的某些特性(如奇偶性、周期性等);

(2)讨论函数的单调性、极值点与极值;

(3)讨论函数曲线的凹凸性和拐点;

(4)考察曲线的渐近线;

(5)根据需要补充图上的一些关键点(如曲线与坐标轴的交点等);

(6)根据以上特性描绘函数图像.

4.5.2 题型分析与举例

1. 求函数的水平渐近线或铅直渐近线.

例 1 求曲线 $f(x)=\dfrac{1}{x-1}$ 的水平渐近线和铅直渐近线.

解 $\lim\limits_{x\to\infty}\dfrac{1}{x-1}=0$,因此,直线 $y=0$ 为曲线 $y=f(x)$ 的水平渐近线.

又 $\lim\limits_{x\to 1}\dfrac{1}{x-1}=\infty$,因此,直线 $x=1$ 为曲线 $y=f(x)$ 的铅直渐近线.

2. 描绘函数的图形.

例 1 作出函数 $f(x)=x^3-x^2-x+1$ 的图形.

解 定义域 D:$(-\infty,+\infty)$,无对称性和周期性,又

$$f'(x)=3x^2-2x-1=(3x+1)(x-1),\ f''(x)=6x-2=2(3x-1).$$

令 $f'(x)=0$,得驻点 $x=1$ 和 $x=-\dfrac{1}{3}$;令 $f''(x)=0$,得 $x=\dfrac{1}{3}$.

列表讨论函数图形的单调区间、凹凸区间以及极值和拐点情况如表 4-4 所示:

表 4-4

	$\left(-\infty,-\frac{1}{3}\right)$	$-\frac{1}{3}$	$\left(-\frac{1}{3},\frac{1}{3}\right)$	$\frac{1}{3}$	$\left(\frac{1}{3},1\right)$	1	$(1,+\infty)$
$f'(x)$	+	0	−	−	−	0	+
$f''(x)$	−	−	−	0	+	4	+
$f(x)$	↗	极大值 $f\left(-\frac{1}{3}\right)=\frac{32}{27}$	↘	拐点 $\left(\frac{1}{3},\frac{16}{27}\right)$	↘	极小值 $f(1)=0$	↗

曲线无渐近线.

根据以上讨论,即可描绘所给函数的图像(如图 4-1 所示).

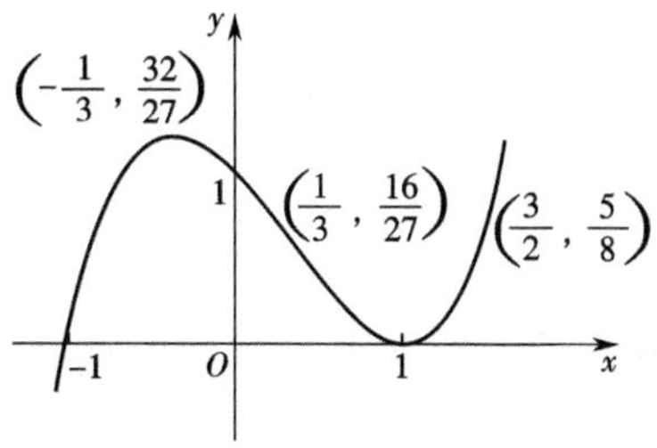

图 4-1

4.5.3 实训

实训 1 基础知识实训

实训目的:通过该实训,加深学生对曲线渐近线的理解,能统一描述函数图象的单调性、凹凸性、极值和拐点等.

实训内容:

1. 曲线 $f(x)=\frac{x+2}{x^2+5x+6}$ 的水平渐近线为__________.

2. 下列曲线有水平渐近线的是(　　).

A. $y=e^x$　　B. $y=x^3$　　C. $y=x^2$　　D. $y=\ln x$

3. 如果函数 $f(x)$ 在区间 (a,b) 内恒有 $f'(x)<0$, $f''(x)>0$, 则曲线 $f(x)$ 的弧(　　).

A. 上升且凹　　B. 下降且凹　　C. 上升且凸　　D. 下降且凸

实训 2 基本能力实训

实训目的:通过该实训,进一步加深学生对曲线渐近线的理解,能够列出函数的性态表,统一描述函数图象的单调性、凹凸性、极值和拐点,会描绘简单函数的图像.

实训内容:

1. 曲线 $y=\frac{x^2+1}{x-1}$(　　).

A. 有水平渐近线,无铅直渐近线　　B. 无水平渐近线,有铅直渐近线

C. 无水平渐近线,也无铅直渐近线　　D. 有水平渐近线,也有铅直渐近线

2. 描绘函数 $f(x)=e^{-x^2}$ 的图形.

4.6 曲率

4.6.1 知识点归纳与解析

1. 弧微分的概念及不同曲线方程表达式下弧微分的计算公式.

曲线方程	弧微分
$y=f(x)\quad a\leqslant x\leqslant b$	$ds=\pm\sqrt{1+y'^2}\,dx$
$\begin{cases}x=\varphi(t),\\ y=\psi(t)\end{cases}\quad \alpha\leqslant t\leqslant\beta$	$ds=\pm\sqrt{[\varphi'(t)]^2+[\psi'(t)]^2}\,dt$
$r=r(\theta)\quad \theta_1\leqslant\theta\leqslant\theta_2$	$ds=\pm\sqrt{[r(\theta)]^2+[r'(\theta)]^2}\,d\theta$

2. 曲率的定义及求解.

(1)曲线 $y=f(x)$ 在任意点 $M(x,y)$ 处的曲率为 $k=\dfrac{|y''|}{(1+y'^2)^{\frac{3}{2}}}$.

(2)曲率的几何意义:曲率表示曲线的弯曲程度,曲线上一点处的曲率越大,曲线越弯曲;反之,曲率越小,曲线越平坦.

3. 曲率圆与曲率半径的概念和意义.

曲率半径 ρ 与曲率 k 的关系式:$\rho=\dfrac{1}{k}$.

4.6.2 题型分析与举例

1. 求曲线的弧微分. 根据曲线的表达式形式,带入相应弧微分计算公式计算.

例 1 求抛物线 $y=2x^2-3x+1$ 的弧微分.

解 由弧微分公式得

$$ds=\sqrt{1+y'^2}\,dx=\sqrt{1+(4x-3)^2}\,dx=\sqrt{16x^2-24x+10}\,dx.$$

2. 计算曲线的曲率.

例 2 求抛物线 $y=x^2$ 的曲率 k.

解 $y'=2x,y''=2$,把 y',y''代入曲率的计算公式得

$$k=\frac{|y''|}{(1+y'^2)^{\frac{3}{2}}}=\frac{2}{(1+4x^2)^{\frac{3}{2}}}.$$

3. 计算曲线的曲率半径.

例 3　求曲线 $y^2-2px=0(p>0)$ 的曲率半径.

解　按隐函数求导得 $$2yy'-2p=0,\ y'=\frac{p}{y},y''=\frac{-p^2}{y^3}.$$

所以 $$R=\frac{1}{k}=\frac{(1+y'^2)^{\frac{3}{2}}}{|y''|}=p\left(1+\frac{2x}{p}\right)^{\frac{3}{2}}.$$

4.6.3　实训

实训 1　基础知识实训

实训目的:通过该实训,使学生识记弧微分的计算公式,了解曲率的概念和几何意义.

实训内容:

1. 若曲线的参数方程为 $\begin{cases}x=\varphi(t),\\ y=\psi(t)\end{cases}$ $\alpha\leqslant t\leqslant\beta$,其弧微分计算公式为__________.

2. 曲率表示曲线的弯曲程度,曲线上一点处的曲率越大,曲线越__________,曲率越小,曲线越__________.

3. 曲率处处为零的曲线为__________,曲率处处相等的曲线为__________.

实训 2　基本能力实训

实训目的:通过该实训,使学生熟练掌握弧微分、曲率和曲率半径的计算.

实训内容:

1. 讨论直线 $y=ax+b$ 任意一点处的曲率是什么?

2. 半径为 r 的圆上任意一点的曲率是什么?

3. 若曲线的参数方程为 $\begin{cases}x=\varphi(t),\\ y=\psi(t),\end{cases}$ 那么曲率应该如何计算?

4. 计算等边双曲线 $xy=1$，在 $(1,1)$ 点处的曲率.

5. 求曲线 $y=x^2-4x+1$ 在点 $(2,-3)$ 点的曲率和曲率半径.

6. 求曲线 $y=e^x$ 在点 $(0,1)$ 点的曲率.

实训 3　能力提高与应用实训

实训目的：通过该实训，使学生熟练掌握曲率和曲率半径的计算，能够结合实际问题求曲线曲率.

实训内容：

1. 抛物线 $y=ax^2+bx+c$ 上哪一点处的曲率最大？最大曲率为多少？

2. 火车在圆弧形铁路线上行驶，每前进 100m，方向改变 4°，求圆弧的半径.

3. 铁轨由直到转入圆弧弯道时，若接头处的曲率突然发生改变，容易发生事故，为了行驶平稳，往往在直到和弯道中间加入一段缓冲段，使曲率连续的由零过度到$\frac{1}{r}$(r 是圆弧弯道的半径). 我国铁路常用立方抛物线 $y=\frac{1}{6rl}x^3$ 作为缓冲曲线 OA，其中，l 是 OA 的长度，验证缓冲段 OA 在始端 O 的曲率为零，并且当$\frac{l}{r}$($\frac{l}{r}\ll 1$ 时)很小时，在终端 A 的曲率近似$\frac{1}{r}$.

4.7　导数在经济学中的应用

4.7.1　知识点归纳与解析

1. 边际函数的定义和其经济意义.

边际函数通常指经济变量的变化率，它的意义表示在 $x=x_0$ 处，若 x 产生一个单位的改变时，相应 y 的变化值.

2. 常见经济函数的边际函数求解.

(1)边际成本；

(2)边际收入；

(3)边际利润.

3. 按照函数最值的概念，求解经济函数的最大利润.

4. 弹性函数的概念及其经济意义.

4.7.2　题型分析与举例

1. 求常见经济函数的边际函数，并分析其经济意义.

例 1 某厂生产某种商品，总成本函数为 $C(q)=200+4q+0.05q^2$(元)，

(1)指出固定成本、可变成本；

(2)求边际成本函数及产量 $q=200$ 时的边际成本；

(3)说明其经济意义.

解 (1)固定成本 $C_0=200$，可变成本 $C_1(q)=4q+0.05q^2$.

(2)边际成本函数 $C'(q)=4+0.1q$，产量 $q=200$ 时的边际成本 $C'(200)=24$.

(3)经济意义：在产量为 200 时，再多生产一个单位产品，总成本要增加 24 元.

2.求经济函数的最大利润，并验证是否符合最大利润原则.

例 2 已知某产品的需求函数 $p=10-\frac{q}{5}$，总成本函数为 $C(q)=50+2q$，求产量为多少时总利润最大？并验证是否符合最大利润原则.

解 由需求函数 $p=10-\frac{q}{5}$，得总收入函数为 $R(q)=q\left(10-\frac{q}{5}\right)=10q-\frac{q^2}{5}$，总利润函数为

$$L(q)=R(q)-C(q)=8q-\frac{q^2}{5}-50,$$

则 $L'(q)=8-\frac{2q}{5}$；

令 $L'(q)=0$，得 $q=20$，$L''(q)=-\frac{2}{5}<0$，所以当 $q=20$ 时，总利润最大.

此时 $R'(20)=2$，$C'(20)=2$，有 $R'(20)=C'(20)$；

$R''(20)=-\frac{2}{5}$，$C'(20)=0$，有 $R'(20)<C'(20)$，符合最大利润原则.

3.求函数的弹性函数，并说明其经济意义.

例 3 设某商品的需求函数为 $Q=\mathrm{e}^{-\frac{p}{5}}$(其中，$p$ 是商品价格，Q 使需求量)，求：(1)需求弹性函数；(2)$p=3,5,6$ 时的需求弹性，并说明经济意义.

解 (1)$Q'(p)=-\frac{1}{5}\mathrm{e}^{-\frac{p}{5}}$，所求弹性函数为

$$E(p)=Q'(p)\frac{p}{Q(p)}=-\frac{1}{5}\mathrm{e}^{-\frac{p}{5}}\frac{p}{\mathrm{e}^{-\frac{p}{5}}}=-\frac{p}{5}.$$

(2)$E(3)=-\frac{3}{5}=-0.6$， $E(5)=-\frac{5}{5}=-1$， $E(6)=-\frac{6}{5}=-1.2$.

经济意义：当 $p=3$ 时，$E(3)=-0.6>-1$，此时价格上涨 1%时，需求只减少 0.6%，需求量的变化幅度小于价格变化的幅度，适当提高价格，需求量不会有太大的变化，对销售量影响很小；当 $p=5$ 时，$E(5)=-1$，此时价格上涨 1%时，需求将减少 1%，需求量的变化幅度等于价格变化的幅度，是最优价格；当 $p=6$ 时，$E(3)=-1.2$，此时价格上涨 1%时，需求将减少 1.2%，需求量的变化幅度大于价格变化的幅度，适当降低价格可增加销售量，从而增加总收入.

4.7.3 实训

实训 1 基础知识实训

实训目的:通过该实训,回顾常见的经济函数,了解边际函数的求解和其经济意义,了解最优经济量的内容.

实训内容:

1. 某厂生产某种商品,若总成本函数为 $C(q)=200+4q+0.05q^2$(元),则该厂生产的固定成本为______,可变成本为______________,其边际成本函数表达式为________________.

2. 总利润函数 $L(q)$ 的导数 $L'(q)$ 称为____________函数,其经济意义为____.

3. 最大利润原则表明当 $R'(q)$____$C'(q)$,且 $R''(q)$____$C''(q)$时,利润达到最大.

4. 当商品需求量的相对变化与价格的相对变化基本相等时,需求弹性 $E(p)=$______,称为________,表示商品需求量的相对变化与价格的相对变化________.

5. 当需求弹性 $E(p)<-1$ 时,适当______会使需求量较大幅度上升,从而______收入.

实训 2 基本能力实训

实训目的:通过该实训,使学生掌握边际分析的经济意义,能够结合现实中的实例进行相应的经济分析,解决较简单的经济问题.

实训内容:

1. 某厂每月生产某产品 q(单位:百件)单位时的总成本为 $C(q)=q^2+2q+100$(单位:千元).若每百件的销售价格为 4 万元,试写出总利润函数,并求边际利润.

2. 某工厂生产某商品的总成本函数为 $C(q)=9000+40q+0.001q^2$(元),问该厂生产多少件产品时平均成本最低?

3. 设某产品的总成本函数和总收入函数分别为 $C(q)=200+5q$，$R(q)=10q-0.01q^2$，求该产品的边际成本，边际收入和边际利润.

实训 3　能力提高与应用实训

实训目的：通过该实训，使学生掌握弹性分析的经济意义，了解在不同的需求弹性时，价格与需求量的关系；能结合函数的极值计算，求最优经济量.

实训内容：

1. 设某日用消费品的需求函数 $Q(p)=a\left(\frac{1}{2}\right)^{\frac{p}{3}}$（$a$ 为常数）. 求：

(1)需求弹性函数；

(2)当单价分别为 4 元、4.35 元、5 元时的需求价格弹性，并说明其经济意义.

2. 某产品生产过程中，总成本函数 $C(q)=300-1.1q$，总收入函数为 $R(q)=5q-0.003q^2$，其中 $q\leqslant 1\,000$，怎样安排生产将获得最大利润？

第 5 章　不定积分

5.1　不定积分的概念和性质

5.1.1　知识点归纳与解析

本节要掌握原函数和不定积分的概念，不定积分的几何意义，不定积分的性质和运算法则. 理解不定积分的实质，不定积分与导数、微分的内在关系，学会用不定积分的定义求一些简单函数的不定积分.

1. 原函数与不定积分的概念.

(1)原函数和不定积分是积分学中的两个重要概念，求不定积分就是求被积函数的所有原函数. 要在理解原函数和不定积分概念的基础上，弄清楚不定积分与导数、微分的内在联系，能根据积分与微分的互逆关系写出简单函数的不定积分.

对于积分常数 C 的理解是一个难点. C 是任意常数，而不是特定的一个数值. C 是可以任意变化的，可取任意的实常数，如 5，-0.235；但不可以取变量，如 x,u,t 等.

(2)不定积分是一族函数，是被积函数的所有原函数. "所有"性是由任意常数 C 来体现的. 如果结果中不加任意常数 C，只能表示一个原函数，而不是所有的原函数，也就不能称其为不定积分了. 如 $\sin x+C$ 是 $\cos x$ 的不定积分，而 $\sin x$ 就不能称为 $\cos x$ 的不定积分.

(3)从几何意义上看，不定积分表示的是一族曲线，称为积分曲线族. 被积函数的任一原函数都称为被积函数的一条积分曲线，所有积分曲线组成积分曲线族. 所有积分曲线的形状都相同，只是沿 y 轴方向上的位置不同. 在积分曲线族上横纵坐标相同的点 x_0 处作切线，得到的所有切线都是相互平行的，其斜率都是被积函数在该点的值 $f(x_0)$. 要注意，积分曲线不是被积函数的图形，而是被积函数的一个原函数的图形.

2. 不定积分的性质.

不定积分的性质体现了不定积分与导数、微分的内在联系，一定要理解透彻.

(1)不定积分的导数是被积函数.

(2)不定积分的微分是被积表达式.

(3)对一个函数的导数或微分求不定积分结果是这个函数＋任意常数 C. 这里的任意常数 C 是必须加上的，否则就不是不定积分了.

3. 不定积分的运算法则.

这是后面计算不定积分的基础之一，要牢固掌握. 法则 2 可以推广到有限多个的情形.

4. 关于不定积分式.

不定积分式由积分号、被积表达式组成，可以看为是一个算式，计算结果是被积函数的所有原函数. 一定要分清楚被积函数是什么，积分变量是什么. 如果被积函数是多个函数的和(或差)的形式，一定要把被积函数用括号括起来. 如 $\int(\sin x+\cos x)\mathrm{d}x$ 不能写成 $\int\sin x+\cos x\mathrm{d}x$.

5.1.2 题型分析与举例

1.根据不定积分定义求不定积分.

这种方法是根据不定积分的定义求不定积分：把被积函数看为是某一个函数的导数，则这个函数就是被积函数的一个原函数，再加上积分常数 C，就得到不定积分.

例 1 求不定积分：(1) $\int \sin x\mathrm{d}x$； (2) $\int x^2\mathrm{d}x$.

解 (1)因为 $(-\cos x)'=\sin x$，所以 $-\cos x$ 是 $\sin x$ 的一个原函数，因此

$$\int \sin x\mathrm{d}x=-\cos x+C.$$

(2) 因为 $\left(\frac{1}{3}x^3\right)'=x^2$，所以 $\frac{1}{3}x^3$ 是 x^2 的一个原函数，因此

$$\int x^2\mathrm{d}x=\frac{1}{3}x^3+C.$$

用这种方法求不定积分，要求熟悉导数公式和微分公式.

2.根据不定积分的性质求不定积分.

如果被积表达式是微分形式，可以直接利用不定积分的性质写出不定积分.

例 2 求不定积分 $\int \mathrm{d}(\sin x)$.

解 根据不定积分的性质得 $\int \mathrm{d}(\sin x)=\sin x+C$.

3. 结合不定积分的运算法则求积分.

如果被积函数是几个函数的代数和的形式，可以利用不定积分的运算法则把要求的积分变成几个函数的积分的和或差的形式，再根据不定积分的定义分别求出各个函数的不定积分，最后把几个不定积分求和或差，即为所求的结果.

注意：求几个函数的不定积分的和时，每个不定积分都带有积分常数，最后只加一个就可以了.因为任意常数之和还是任意常数.

5.1.3 实训

实训 1 基础知识实训

实训目的：通过实训巩固对原函数、不定积分概念的理解，理解不定积分的几何意义；掌握不定积分的性质和运算法则.

实训准备：1.复习本章“5.1 不定积分的概念和性质”一节.2.复习教材第 3 章导数公式、微分公式.

实训内容：

1. 用函数的微分给出原函数的定义.

2. 写出不定积分的性质.

性质 1：

性质 2：

3. 判断下列式子是否正确，错误的说明理由.

(1) $\frac{\mathrm{d}}{\mathrm{d}x}\left(\int F(x)\mathrm{d}x\right)=F(x)+C$；

(2) $\int f'(x)\mathrm{d}x)=f(x)$；

(3) $\mathrm{d}\left(\int g(x)\mathrm{d}x\right)=g(x)$；

(4) $\int (\cos^2 x)'\mathrm{d}x=\cos^2 x$；

(5) $\int (\cos^2 x+2x)'\mathrm{d}x=\int \cos^2 x\mathrm{d}x+2x\mathrm{d}x$.

4. 指出下列积分式的被积函数、被积表达式和积分变量.

(1) $\int f'(x)\mathrm{d}x$；

(2) $\int \sec^2 x\cos x\mathrm{d}x$；

(3) $\int (\cos^2 x+\mathrm{e}^{\cos x})\mathrm{d}(\cos x)$；

(4) $\int (2x^2-3\sin x+5\sqrt{x})\mathrm{d}x$.

实训 2 基本能力实训

实训目的:熟悉用不定积分的定义求简单函数的不定积分.理解不定积分与导数和微分的内在联系.

实训准备:1.同实训 1;2.完成实训 1.

实训内容:

1. 验证下列等式是否成立.

(1)$\int (2x^2-3\sin x+5\sqrt{x})\mathrm{d}x=\frac{1}{2}x^3+3\cos x+\frac{10\sqrt{x}}{x}+C$;

(2)$\int x\sin x\mathrm{d}x=-\cos x+\sin x+C$;

(3)$\int xf''(x)\mathrm{d}x=xf'(x)-f(x)+C$;

(4)$\int (\sin x+\arcsin x)\mathrm{d}x=\cos x-\arccos x+C$.

2. 根据原函数和不定积分的定义求下列不定积分.

(1)$\int 3x^2\mathrm{d}x$;　　(2)$\int 5\mathrm{d}x$;　　(3)$\int \frac{3}{\sec x}\mathrm{d}x$;

(4)$\int 4\sec^2 x\mathrm{d}x$;　　(5)$\int \mathrm{e}^x\mathrm{d}x$;　　(6)$\int \frac{1}{x}\mathrm{d}x$.

实训 3 能力提高与应用实训

实训目的：加深对不定积分基本概念、性质的理解；培养利用本节知识解决实际问题的能力.

实训准备：1. 熟记基本公式；2. 完成实训 2.

实训内容：

1. 已知函数 $y=f(x)$的导数等于 $x+2$，且当 $x=2$ 时，$y=5$，求这个函数.

2. 经过点(1,2)的曲线上任一点处的切线斜率为 $3x^2$，求这条曲线.

3. 已知一物体在时刻 t 的速度为 $v=3t-2$，且在 $t=0$ 时，$s=5$，求此物体的运动方程.

5.2 不定积分的基本公式和直接积分法

5.2.1 知识点归纳与解析

本节要掌握不定积分的基本公式和直接积分法.

1. 不定积分的基本公式.

教材中列举了 24 个基本积分公式，是计算不定积分和定积分的基础，必须牢记. 前 17 个公式可根据基本初等函数的导数得出，只要熟悉基本初等函数的导数公式，这些积分公式就不难记忆了，因为不定积分是求导的逆运算. 下面 6 个公式有些特殊，需要特殊记住. 在教材的例题中给出了这些公式的推导过程.

$$\int \tan x\mathrm{d}x=-\ln|\cos x|+C;\qquad \int \cot x\mathrm{d}x=\ln|\sin x|+C;$$

$$\int \sec x\mathrm{d}x=\ln|\sec x+\tan x|+C;\qquad \int \csc x\mathrm{d}x=\ln|\csc x-\cot x|+C;$$

$$\int \frac{1}{a^2+x^2}\mathrm{d}x=\frac{1}{a}\arctan\frac{x}{a}+C(a>0);\qquad \int \frac{1}{\sqrt{a^2-x^2}}\mathrm{d}x=\arcsin\frac{x}{a}+C(a>0).$$

使用公式时要注意积分式形式要相同，被积函数一定是积分变量的直接函数，而非复合函数.

2. 直接积分法.

利用不定积分的性质、运算法则和基本公式求不定积分的方法叫直接积分法. 是求不定积分的基本方法.

5.2.2 题型分析与举例

直接积分法的关键是，利用不定积分的性质和运算法则，通过被积函数恒等变形，把所求积分化成不定积分基本公式的形式，进而求解.

要注意的是基本积分公式是对积分变量积分，因此只要当被积函数是积分变量的直接函数时(而非复合函数)才能使用公式. 例如积分$\int \cos x\mathrm{d}x$可以用公式(9)求解；而对于积分$\int \cos x\mathrm{d}\cos x$来说，尽管被积函数与公式(9)的被积函数形式一样，但积分变量不同，所以不能用公式(9)来求解.

例 1 求$\int (2\mathrm{e}^x-3\sin x)\mathrm{d}x$.

分析 这是求两个函数差的积分，可利用不定积分的性质变为两个积分的差，然后利用公式分别求积分，再合并化简求出最后结果.

解 $\int (2\mathrm{e}^x-3\sin x)\mathrm{d}x=2\int \mathrm{e}^x\mathrm{d}x-3\int \sin x\mathrm{d}x=2\mathrm{e}^x+3\cos x+C.$

例 2 求$\int \sqrt{x\sqrt{x}}\,\mathrm{d}x$.

分析 被积函数看起来很复杂，也没有相应的积分公式可利用. 仔细分析会发现，被被积函数中的根号变成指数后，被积函数就变成了幂函数，可以利用积分公式了.

解 $\int \sqrt{x\sqrt{x}}\,\mathrm{d}x=\int x^{\frac{3}{4}}\mathrm{d}x=\frac{4}{7}x^{\frac{7}{4}}+C.$

例 3 求$\int \frac{3^x+2^x}{3^x}\mathrm{d}x$.

分析 该题不能直接利用积分公式，考虑分子分母有公因式，分子分母同时除以公因式，即可简化被积函数.

解 $\int \frac{3^x+2^x}{3^x}\mathrm{d}x=\int \left(1+\left(\frac{2}{3}\right)^x\right)\mathrm{d}x=x+\frac{\left(\frac{2}{3}\right)^x}{\ln 2-\ln 3}+C.$

例 4 求$\int \frac{\cos 2x}{\sin^2 x\cdot\cos^2 x}\mathrm{d}x$.

分析 被积函数是三角函数，往往要用到三角恒等变形公式，如倍角公式、半角公式、三角平方公式、积化和差与和差化积公式等. 这些公式可以参见配套教材的附录II初等数学常用公式.

解 $\int \frac{\cos 2x}{\sin^2 x\cdot\cos^2 x}\mathrm{d}x=\int \frac{\cos^2 x-\sin^2 x}{\sin^2 x\cdot\cos^2 x}\mathrm{d}x=\int \left(\frac{1}{\sin^2 x}-\frac{1}{\cos^2 x}\right)\mathrm{d}x=-\cot x-\tan x+C.$

例 5 求$\int \frac{\mathrm{e}^{2x}-1}{\mathrm{e}^x+1}\mathrm{d}x$.

分析 为了约去分子或分母，往往要把分母或分子进行因式分解，这时因式分解公式就派上用场了. 相关公式可参见配套教材的附录Ⅱ 初等数学常用公式. 被积函数是分式，可化成两个或多个分式的和或差的形式，然后再利用积分基本公式.

解 $\int \frac{e^{2x}-1}{e^x+1}dx=\int \frac{(e^x+1)(e^x-1)}{e^x+1}dx=\int (e^x-1)dx=e^x-x+C.$

例 6 求$\int \frac{1+2x^2}{x^2(1+x^2)}dx.$

解 $\int \frac{1+2x^2}{x^2(1+x^2)}dx=\int \left[\frac{1}{x^2}+\frac{1}{1+x^2}\right]dx=-\frac{1}{x}+\arctan x+C.$

总之，直接积分法的基础是不定积分的性质、法则和积分基本公式，把被积函数转化或恒等变形为符合积分基本公式的形式是重要环节.

5.2.3 实训

实训 1 基础知识实训

实训目的：巩固并记住不定积分基本公式.知道什么是直接积分法.

实训准备：1.熟记配套教材中的不定积分基本公式.2.复习并熟记配套教材附录Ⅱ中的初等数学常用公式.

实训内容：

1.什么是直接积分法？

2.填空.

(1)$\int \csc x\cot x dx=($　　　　$)$；(2)$\int \sec x\tan x dx=($　　　　$)$；(3)$\int \cos x dx=($　　　　$)$；

(4)$\int x^\alpha dx=($　　　　$)(\alpha\neq -1)$；(5)$\int \frac{1}{x}dx=($　　　　$)$；(6)$\int \frac{1}{1+x^2}dx=($　　　　$)$；

(7)$\int \frac{1}{\sqrt{1-x^2}}dx=($　　　　$)$；(8)$\int \sin x dx=($　　　　$)$；(9)$\int k dx=($　　　　$)$；

(10)$\int \csc x dx=($　　　　$)$；(11)$\int \csc^2 x dx=($　　　　$)$；(12)$\int dx=($　　　　$)$；

(13)$\int 0 dx=($　　　　$)$；(14)$\int e^x dx=($　　　　$)$；(15)$\int \frac{1}{\sqrt{1-x^2}}dx=($　　　　$)$；

(16)$\int a^x dx=($　　　　$)$；(17)$\int -1\frac{1}{1+x^2}dx=($　　　　$)$；(18)$\int \frac{1}{x\ln a}dx=($　　　　$)$；

(19)$\int \tan x dx=($　　　　$)$；(20)$\int \sec x dx=($　　　　$)$；(21)$\int \cot x dx=($　　　　$)$；

(22)$\int \sec^2 x dx=($　　　　$)$.

实训 2 基本能力实训

实训目的：熟悉直接积分法求不定积分.

实训准备：1.熟记配套教材中的不定积分基本公式.2.复习并熟记配套教材附录Ⅱ中的初等数学常用公式.

实训内容：

1. 求下列不定积分.

(1) $\int(2x^2-3\sin x+5)\mathrm{d}x$；　(2) $\int(\sin x+x^3)\mathrm{d}x$；　(3) $\int\frac{5}{1+x^2}\mathrm{d}x$；

(4) $\int(x^3+3x^2+2)\mathrm{d}x$；　(5) $\int x\sqrt{x}\,\mathrm{d}x$；　(6) $\int(2\mathrm{e}^x-3\cos x)\mathrm{d}x$.

2. 求下列不定积分.

(1) $\int\mathrm{e}^{x+2}\mathrm{d}x$；　(2) $\int 5^x\cdot 2^{3x}\mathrm{d}x$；　(3) $\int\frac{x^2}{x^2+1}\mathrm{d}x$；

(4) $\int\frac{(x-2)^2}{x^2}\mathrm{d}x$；　(5) $\int\frac{\cos 2x}{\cos x+\sin x}\mathrm{d}x$；　(6) $\int\tan^2 x\,\mathrm{d}x$；

(7) $\int \sec x(\sec x-\tan x)\mathrm{d}x$.

实训 3　能力提高与应用实训

实训目的：进一步巩固直接积分法求不定积分；熟悉用不定积分解决实际问题.

实训准备：1.熟记配套教材中的不定积分基本公式. 2.复习并熟记配套教材附录Ⅱ中的初等数学常用公式.

实训内容：

1.求下列不定积分.

(1) $\int 3^{2t}\mathrm{e}^{t+2}\mathrm{d}t$；　(2) $\int \sqrt{\sqrt{\sqrt{u}}}\,\mathrm{d}u$；　(3) $\int \sqrt{x\sqrt{x\sqrt{x}}}\,\mathrm{d}x$；

(4) $\int \cos^2\frac{x}{2}\mathrm{d}x$；　(5) $\int \frac{x^4}{x^2+1}\mathrm{d}x$；　(6) $\int \frac{1-\mathrm{e}^{2x}}{1+\mathrm{e}^x}\mathrm{d}x$；

(7) $\int (10^x-\cot^2 x)\mathrm{d}x$；　(8) $\int \frac{\cos 2x}{\sin^2 x\cdot\cos^2 x}\mathrm{d}x$；　(9) $\int \frac{\sin x}{\cos^2 x}\mathrm{d}x$；

(10) $\int \frac{x^2+x+1}{x(1+x^2)}\mathrm{d}x$.

2. 一物体由静止开始运动，t 秒后速度为 $3t^2$ m/s. 问：

(1)在 6 s 后物体行驶的路程是多少？

(2)物体走完 1 024 m 需要多长时间.

5.3 换元积分法

5.3.1 知识点归纳与解析

本节内容为换元积分法，包括第一换元积分法和第二换元积分法.

1. 第一换元积分法.

也称凑微分法，主要用于计算关于复合函数的积分问题，将复合函数求导法则反过来用，就得到这种方法. 其基本思想是：把所求的被积函数通过适当的变量代换，化成符合积分公式的形式，然后再求出积分，最后把原变量回代. 这是很常用的一种积分方法.

设$\int f(u)\mathrm{d}u=F(u)+C$，且 $u=\varphi(x)$有连续导数，则第一换元积分法的步骤可用下面的式子表示：

$$\int f[\varphi(x)]\varphi'(x)\mathrm{d}x=\int f[\varphi(x)]\mathrm{d}\varphi(x)=\int f(u)\mathrm{d}u=F(u)+C=F[\varphi(x)]+C.$$

这里的关键是把原积分式变成$\int f[\varphi(x)]\varphi'(x)\mathrm{d}x$ 形式，然后把 $\varphi'(x)\mathrm{d}x$ 凑成 $\mathrm{d}\varphi(x)$，令 $u=\varphi(x)$，原积分式就变成了$\int f(u)\mathrm{d}u$，这时候再用直接积分法积分即可. 最后，不要忘记了把引入的中间变量回代.

第一换元法的关键是凑微分，因此，熟记常见的凑微分形式是不错的选择. 教材中列出了常见的几种凑微分形式，要熟记.

2. 第二换元积分法.

也称变量代换法、去根号法. 主要用于被积函数中含有根号，而又不能用直接积分法或凑微分法计算的一些积分问题. 实际上就是把第一积分法反过来用.

若 $f(x)$是连续函数，$x=\varphi(t)$有连续导数 $\varphi'(t)$，且 $\varphi'(t)\neq0$，如果求$\int f(x)\mathrm{d}x$ 不好求，可以做代换 $x=\varphi(t)$，把原积分变成$\int f[\varphi(t)]\varphi'(t)\mathrm{d}t$，而$\int f[\varphi(t)]\varphi'(t)\mathrm{d}t$ 是容易求得的.

根据被积函数的特点，第二换元法可分为代数代换法和三角代换法.

(1)代数代换法(直接去根号法)：

①被积函数中含有$\sqrt[n_1]{x}$，$\sqrt[n_2]{x}$，则令 $t=\sqrt[n]{x}$，其中 n 为 n_1，n_2 的最小公倍数；

②被积函数中含有 $\sqrt[n]{ax+b}$，则令 $t=\sqrt[n]{ax+b}$.

(2)三角代换法：

①被积函数中含有 $\sqrt{a^2-x^2}$，则令 $x=a\sin t$；

②被积函数中含有 $\sqrt{x^2+a^2}$，则令 $x=a\tan t$；

③被积函数中含有 $\sqrt{x^2-a^2}$，则令 $x=a\sec t$.

在作三角替换时，可以利用直角三角形的边角关系确定有关三角函数的关系，以换回原积分变量.

下面几个积分结果可以作为公式来用：

$$\int\frac{\mathrm{d}x}{a^2-x^2}=\frac{1}{2a}\ln\left|\frac{a+x}{a-x}\right|+C；\qquad \int\frac{\mathrm{d}x}{\sqrt{x^2-a^2}}(a>0)=\ln\left|x+\sqrt{x^2-a^2}\right|+C；$$

$$\int\sqrt{a^2-x^2}\,\mathrm{d}\,x=\frac{a^2}{2}\arcsin\frac{x}{a}+\frac{x}{2}\sqrt{a^2-x^2}+C；\qquad \int\frac{\mathrm{d}x}{\sqrt{x^2+a^2}}(a>0)=\ln\left|x+\sqrt{x^2+a^2}\right|+C.$$

5.3.2　题型分析与举例

本节的主要题型是利用第一换元积分法和第二换元积分法计算不定积分.

1. 用第一换元积分法即凑微分法求不定积分.

适用于被积函数是积分变量的复合函数的情形，先凑微分再换元.

凑微分法可概括为四个字：凑、换、积、代，即以下四步：

第一步，凑微分，把积分式凑成 $\int f[\varphi(x)]\mathrm{d}\varphi(x)$ 的形式；

第二步，变量替换 $\varphi(x)=u$，把原积分式变成关于新变量 u 的积分；

第三步，求积分，求出关于新变量 u 的积分；

第四步，回代变量，$u=\varphi(x)$ 回代到积分结果中，换回原变量.

运算熟练以后，换元过程可以省略不写，而是凑微分后直接积分.

用凑微分法求不定积分时，经常要用到三角恒等变形、分子或分母有理化、分子加减项等方法对被积函数进行恒等变换，然后再进行凑微分求解.

例 1　求不定积分 $\int(3x+1)^8\mathrm{d}x$.

分析　可以把被积函数按二项式定理展开，化为多个幂函数的代数和的形式，然后求积分，但这样做显然很麻烦，因为展开以后会得到 9 项代数和的多项式. 如果把 $x+1$ 看作是一个变量 u，那么被积函数就变成了 u^8，符合幂函数积分公式的被积函数形式. 但此时还不能直接用公式，因为积分变量是 x，要使用公式，必须把积分变量和函数的自变量化成一致. 也就是说对于 $\int u^8\mathrm{d}x$ 不能用幂函数的积分公式，必须变换成 $\int u^8\mathrm{d}u$ 后才可利用幂函数积分公式. 所以，要把 $\mathrm{d}x$ 凑成 $\mathrm{d}u$. 可以参教材中的常见的凑微分形式 $\int f(ax+b)\mathrm{d}x$ 型，将其凑成 $=\frac{1}{a}\int f(ax+b)\mathrm{d}(ax+b)$. 这里把 $\mathrm{d}x$ 凑成 $\mathrm{d}(x+1)$，即 $\mathrm{d}u$.

解

$$\begin{aligned}\int(3x+1)^8\mathrm{d}x&=\int(3x+1)^8\mathrm{d}\left(\frac{1}{3}\cdot 3x\right)=\frac{1}{3}\int(3x+1)^8\mathrm{d}(3x)\\&=\frac{1}{3}\int(3x+1)^8\mathrm{d}(3x+1)\qquad\left(=\frac{1}{3}\int u^8\mathrm{d}u\right)\\&=\frac{1}{27}(3x+1)^9+C.\end{aligned}$$

例 2　求不定积分 $\int\cos 5x\mathrm{d}x$.

分析　被积函数是复合函数，积分符合凑微分形式 $\int f(ax)\mathrm{d}x=\frac{1}{a}\int f(ax)\mathrm{d}(ax)$，可凑微分为 $\mathrm{d}x=$

$\frac{1}{5}\mathrm{d}(5x)$，再进行换元积分.

解 $\int \cos 5x\mathrm{d}x=\frac{1}{5}\int \cos 5x\mathrm{d}(5x)=\frac{1}{5}\sin 5x+C.$

例 3 求$\int \frac{1}{\cos^2 x\sqrt{1+\tan x}}\mathrm{d}\, x.$

分析 被积函数涉及三角函数，不能直接凑微分，可以先进行三角恒等变形. 另外要有整体意识，有时可以把一个函数看为一个变量，作为一个整体来对待. 本题可以把$\frac{1}{\sqrt{1+\tan x}}$看做$\frac{1}{\sqrt{1+u}}$，进而变换为$(1+u)^{-\frac{1}{2}}$，这是幂函数，有积分公式. 那么能不能把$\frac{1}{\cos^2 x}\mathrm{d}x$凑成$\mathrm{d}u$呢？因为用积分公式时，必须保证积分变量和函数的自变量一致. 考虑到$\frac{1}{\cos^2 x}\mathrm{d}x=\sec^2 x\mathrm{d}x=\mathrm{d}\tan x=\mathrm{d}u$，即可以凑微分.

解
$$\int \frac{1}{\cos^2 x\sqrt{1+\tan x}}\mathrm{d}x=\int \frac{\sec^2 x}{\sqrt{1+\tan x}}\mathrm{d}x=\int \frac{1}{\sqrt{1+\tan x}}\mathrm{d}(\tan x)$$
$$=\int \frac{1}{\sqrt{1+\tan x}}\mathrm{d}(\tan x+1)=2\sqrt{1+\tan x}+C.$$

例 4 求$\int \frac{1}{1+\mathrm{e}^x}\mathrm{d}x.$

分析 对于被积函数是分式的情况，往往需要分子或分母有理化、分子加减项等方法对被积函数进行恒等变换，然后再进行凑微分求解.

解
$$\int \frac{1}{1+\mathrm{e}^x}\mathrm{d}x=\int \frac{1+\mathrm{e}^x-\mathrm{e}^x}{1+\mathrm{e}^x}\mathrm{d}x=\int \left(1-\frac{\mathrm{e}^x}{1+\mathrm{e}^x}\right)\mathrm{d}x=\int 1\mathrm{d}x-\int \frac{\mathrm{e}^x}{1+\mathrm{e}^x}\mathrm{d}x$$
$$=x-\int \frac{1}{1+\mathrm{e}^x}\mathrm{d}(1+\mathrm{e}^x)=x-\ln(1+\mathrm{e}^x)+C.$$

2. 代数代换法(直接去根号法)求不定积分.

这种方法是第二换元积分法最简单的应用，用于解决被积函数中含有$\sqrt[n_1]{x}$，$\sqrt[n_2]{x}$、或$\sqrt[n]{ax+b}$的情况，要求大家必须掌握.

解题步骤可概括为四个字：令、换、积、代.

令：或称假设，即假设$x=\varphi(t)$，引入新变量t(新积分变量)；

换：或称换式，即把原积分式换成关于新变量t的新积分式；

积：计算积分，即计算关于新变量t的积分；

代：即回代，用原积分变量x回代变量t.

例 5 求$\int \frac{\sqrt{x}}{1+\sqrt{x}}\mathrm{d}x.$

分析 被积函数中含有一个根式，可令$\sqrt{x}=t$，即可去掉根号.

解 令$\sqrt{x}=t$，则$x=t^2$，$\mathrm{d}x=2t\mathrm{d}t$. 所以

$$\text{原式}=\int \frac{t}{1+t}2t\mathrm{d}t=2\int \frac{t^2}{1+t}\mathrm{d}t=2\int \frac{t^2-1+1}{1+t}\mathrm{d}t=2\int \left(t-1+\frac{1}{1+t}\right)\mathrm{d}t=t^2-2t+2\ln(1+t)+C.$$

将$t=\sqrt{x}$回代得

$$\int \frac{\sqrt{x}}{1+\sqrt{x}}dx=x-2\sqrt{x}+2\ln(1+\sqrt{x})+C.$$

3. 三角代换法求不定积分.

这种方法主要用于解决被积函数中含有 $\sqrt{a^2-x^2}$、$\sqrt{x^2+a^2}$、$\sqrt{x^2-a^2}$ 因式的积分问题，可分别令 $x=a\sin t$、$x=a\tan t$、$x=a\sec t$，即可去掉根号. 这里主要用了三个三角平方关系 $\sin^2\alpha+\cos^2\alpha=1$、$1+\tan^2\alpha=\sec^2\alpha$ 和 $1+\cot^2\alpha=\csc^2\alpha$. 解题步骤和代数代换法步骤一样：令、换、积、代.

例 6 求 $\int \frac{2x-1}{\sqrt{9x^2-4}}dx$.

分析 这里的根式不是 $\sqrt{x^2-a^2}$ 形式，可以先化为 $\sqrt{x^2-a^2}$ 的形式，然后令 $x=a\sec t$，用三角平方关系计算后即可消除根号.

解 设 $x=\frac{2}{3}\sec t$，则 $dx=\frac{2}{3}\sec t\tan t dt$，$\sqrt{9x^2-4}=2\tan t$. 所以

$$\begin{aligned}\text{原式}&=\int \frac{\frac{4}{3}\sec t-1}{2\tan t}\frac{2}{3}\sec t\tan t dt=\int\left(\frac{4}{9}\sec^2 t-\frac{1}{3}\sec t\right)dt\\&=\frac{4}{9}\tan t-\frac{1}{3}\ln|\sec t+\tan t|+C.\end{aligned}$$

回代变量时，要求出 $\tan t$，为此，由 $x=\frac{2}{3}\sec t$ 得 $\sec t=\frac{3x}{2}$，构造辅助直角三角形，如图 5-1. 由图可知，$\tan t=\frac{\sqrt{9x^2-4}}{2}$，所以，所求积分

$$\int \frac{2x-1}{\sqrt{9x^2-4}}dx=\frac{2}{9}\sqrt{9x^2-4}-\frac{1}{3}\ln\left|\frac{3x}{2}+\frac{\sqrt{9x^2-4}}{2}\right|+C.$$

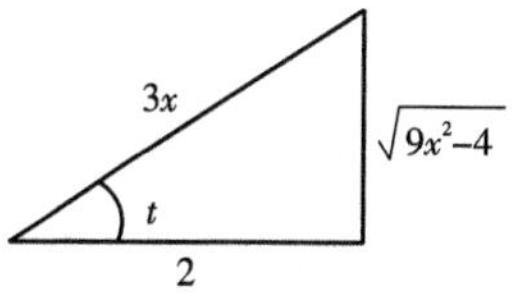

图 5-1

5.3.3 实训

实训 1 基本能力实训

实训目的：进一步熟悉使用换元积分法求不定积分.

实训准备：1. 理解换元积分法的步骤，熟悉常用的凑微分形式，熟悉三角代换法的换元方法. 复习教材 5.3 节. 2. 复习积分基本公式.

实训内容：

1. 正确回答下列问题.

(1)凑微分法求不定积分分为哪几步？　　(2)第二换元积分法求不定积分分为哪几步？

(3)直接去根号法如何引入新变量？　　(4)三角代换法如何引入新变量？

2.用凑微分法求下列不定积分.

(1)$\int \cos 4x\mathrm{d}x$；　　(2)$\int \frac{1}{\sqrt{4-5x}}\mathrm{d}x$；　　(3)$\int (2+3x)^{\frac{3}{2}}\mathrm{d}x$；

(4)$\int \mathrm{e}^{-x}\mathrm{d}x$；　　(5)$\int \mathrm{e}^{3-2x}\mathrm{d}x$；　　(6)$\int \frac{1}{\sqrt{x}}\cos\sqrt{x}\,\mathrm{d}x$；

(7)$\int \sin^3 x\cos x\mathrm{d}x$；　　(8)$\int \mathrm{e}^x\sin \mathrm{e}^x\mathrm{d}x$；　　(9)$\int \frac{\arctan x}{1+x^2}\mathrm{d}x$.

3.用第二换元积分法求不定积分.

(1)$\int \frac{3x}{\sqrt{x+1}}\mathrm{d}x$；　　(2)$\int \frac{1}{1+\sqrt[3]{x}}\mathrm{d}x$；

(3) $\int \frac{\sqrt{x}}{1+\sqrt{x}}\mathrm{d}x$；

(4) $\int \frac{1}{2+\sqrt{x-1}}\mathrm{d}x$；

(5) $\int \frac{1}{\sqrt{x}+\sqrt[4]{x}}\mathrm{d}x$；

(6) $\int \frac{x-2}{1+\sqrt[3]{x-3}}\mathrm{d}x$；

(7) $\int \frac{1}{\sqrt{x^2+4}}\mathrm{d}x$；

(8) $\int \frac{\sqrt{x^2-2}}{x}\mathrm{d}x$；

(9) $\int \frac{x^2}{\sqrt{4-x^2}}\mathrm{d}x$；

(10) $\int \sqrt{1+\mathrm{e}^x}\,\mathrm{d}x$.

实训2　能力提高与应用实训

实训目的:能用换元积分法解决一些较复杂的求不定积分问题.

实训准备:1. 完成实训1;2.熟悉换元积分法.

实训内容:

1.计算下列不定积分.

(1)$\int \tan^3 x \sec^2 x\mathrm{d}x$;

(2)$\int \frac{3+x}{\sqrt{4-x^2}}\mathrm{d}x$;

(3)$\int \frac{1}{1+\mathrm{e}^x}\mathrm{d}x$;

(4)$\int \frac{\arcsin\sqrt{x}}{\sqrt{x-x^2}}\mathrm{d}x$;

(5)$\int \frac{1}{x^2+9}\mathrm{d}x$;

(6)$\int \frac{\sqrt{1+\ln x}}{x}\mathrm{d}x$;

(7)$\int \frac{1}{\cos^2 x\sqrt{1+\tan x}}\mathrm{d}x$;

(8)$\int \frac{\cos x-\sin x}{\cos x+\sin x}\mathrm{d}x$;

(9) $\int \sin^3 x \mathrm{d}x$；

(10) $\int \sec^4 x \mathrm{d}x$.

2.求下列不定积分.

(1) $\int \frac{x^2}{\sqrt{a^2-x^2}}\mathrm{d}x$；

(2) $\int \frac{\sqrt{a^2+x^2}}{x^2}\mathrm{d}x$；

(3) $\int \frac{2x-1}{\sqrt{9x^2-4}}\mathrm{d}x$；

(4) $\int \frac{x}{\sqrt{x^2+2x+2}}\mathrm{d}x$；

(5) $\int \frac{1}{1+\mathrm{e}^x}\mathrm{d}x$；

(6) $\int \frac{1}{\sqrt{1+2x}}\mathrm{d}x$.

5.4 分部积分法

5.4.1 知识点归纳与解析

本节内容为分部积分法，要熟记分部积分公式，会用分部积分法求部分类型的不定积分.

分部积分法的应用范围有限，主要用于解决被积函数是两类不同类型的函数的乘积形式的积分. 设函数 $u=u(x)$，$v=v(x)$ 具有连续导数，则称 $\int u\mathrm{d}v=uv-\int v\mathrm{d}u$ 为分部积分法. 分部积分法的关键是将被积表达式凑成 $\int u\mathrm{d}v$ 形式. 一般要考虑以下原则：一是 v 要容易求得，往往通过凑微分的方法找到；二是求 $\int v\mathrm{d}u$ 要比求 $\int u\mathrm{d}v$ 简单.

5.4.2 题型分析与举例

用分部积分法求不定积分时，被积函数可化为 $\int uv'\mathrm{d}x$ 形式，然后凑成分部积分公式的形式 $\int u\mathrm{d}v$，即可用公式计算了. 因此，凑微分是关键的一步.

例 1 求不定积分 $\int x^3\ln x\mathrm{d}x$.

分析 这是多项式与对数函数的乘积，可用分部积分法. 按上面所说的凑微分规律，把 $x^3\mathrm{d}x$ 凑成 $\mathrm{d}v$，即 $\mathrm{d}v=x^3\mathrm{d}x=\mathrm{d}\left(\frac{1}{4}x^4\right)$，所以 $u=\ln x$，$v=\frac{1}{4}x^4$. 但在计算时，为了方便起见，往往把 $\mathrm{d}\left(\frac{1}{4}x^4\right)$ 中的系数提到积分号的前面.

解
$$\int x^3\ln x\mathrm{d}x=\frac{1}{4}\int \ln x\mathrm{d}x^4=\frac{1}{4}[x^4\ln x-\int x^4\mathrm{d}\ln x]=\frac{1}{4}\left[x^4\ln x-\int x^4\cdot\frac{1}{x}\mathrm{d}x\right]$$
$$=\frac{1}{4}\left[x^4\ln x-\int x^3\mathrm{d}x\right]=\frac{1}{4}\left[x^4\ln x-\frac{1}{4}x^4\right]+C$$
$$=\frac{1}{4}x^4\ln x-\frac{1}{16}x^4+C.$$

例 2 求不定积分 $\int\cos(\ln x)\mathrm{d}x$.

分析 本题不是两个函数乘积的形式，而是一个复合函数，可直接设凑微分形式 $\cos(\ln x)=u$，$x=v$，然后用分部积分公式.

解
$$\int\cos(\ln x)\mathrm{d}x=x\cos(\ln x)-\int x\mathrm{d}(\cos\ln x)=x\cos(\ln x)+\int x\sin(\ln x)\cdot\frac{1}{x}\mathrm{d}x$$
$$=x\cos(\ln x)+\int\sin(\ln x)\mathrm{d}x$$
$$=x\cos(\ln x)+x\sin(\ln x)-\int x\mathrm{d}[\sin(\ln x)]$$
$$=x\cos(\ln x)+x\sin(\ln x)-\int\cos(\ln x)\mathrm{d}x.$$

将上式移项整理得 $\int\cos(\ln x)\mathrm{d}x=\frac{x}{2}[\cos(\ln x)+\sin(\ln x)]+C$.

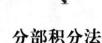

用分部积分法时，有时会出现其中一部分结果中某一项恰好与另一部分积分抵消；有时分部积分要与其他运算方法结合使用；也可通过多次分部积分后回归原积分，移项整理后，按解方程求得结果.

例3 求不定积分$\int \cos^2\sqrt{x}\,\mathrm{d}x$.

分析 被积函数中含有根式，先用换元法去除根号.

解 令$\sqrt{x}=t$，则$x=t^2$，$\mathrm{d}x=2t\mathrm{d}t$，所以

$$\begin{aligned}\int \cos^2\sqrt{x}\,\mathrm{d}x&=\int \cos^2 t\cdot 2t\mathrm{d}t=\int (1+\cos 2t)t\,\mathrm{d}\,t=\frac{1}{2}t^2+\frac{1}{2}\int t\mathrm{d}\sin 2t\\&=\frac{1}{2}t^2+\frac{1}{2}t\sin 2t-\frac{1}{2}\int \sin 2t\mathrm{d}t=\frac{1}{2}t^2+\frac{1}{2}t\sin 2t+\frac{1}{4}\cos 2t+C\\&=\frac{1}{2}x+\frac{1}{2}\sqrt{x}\sin 2\sqrt{x}+\frac{1}{4}\cos 2\sqrt{x}+C.\end{aligned}$$

例4 求$\int \ln(x+\sqrt{1+x^2})\mathrm{d}x$.

分析 把$\int \ln(x+\sqrt{1+x^2})\mathrm{d}x$看作$u$，$\mathrm{d}x$看做$\mathrm{d}v$，分部积分.

解 $$\begin{aligned}\int \ln(x+\sqrt{1+x^2})\mathrm{d}x&=x\ln(x+\sqrt{1+x^2})-\int x\mathrm{d}(x+\sqrt{1+x^2})\\&=x\ln(x+\sqrt{1+x^2})-\int x\frac{1+\frac{x}{\sqrt{1+x^2}}}{x+\sqrt{1+x^2}}\mathrm{d}x\\&=x\ln(x+\sqrt{1+x^2})-\int x\frac{\frac{\sqrt{1+x^2}+x}{\sqrt{1+x^2}}}{x+\sqrt{1+x^2}}\mathrm{d}x\\&=x\ln(x+\sqrt{1+x^2})-\int \frac{x}{\sqrt{1+x^2}}\mathrm{d}x\\&=x\ln(x+\sqrt{1+x^2})-\sqrt{1+x^2}+C.\end{aligned}$$

对于一些带有根式的多项式，往往需要进行分子或分母有理化，化简后再用分部积分法. 被积函数中也可能遇到较为复杂的分式，这时可根据分式的运算，将分式变形为几个简单的式子的代数和.

5.4.3 实训

实训1 基本能力实训

实训目的:熟悉分部积分法求不定积分.

实训准备:1.理解分部积分法,熟悉常用的凑微分规律.2.熟读教材中的例题和实训中的例题.

实训内容:

求下列不定积分.

(1) $\int x\cos 3x\mathrm{d}x$;　　(2) $\int x\mathrm{e}^{-x}\mathrm{d}x$;　　(3) $\int \ln x\mathrm{d}x$;

(4) $\int x^2\cos x\mathrm{d}x$;　　(5) $\int \ln(1+x^2)\mathrm{d}x$;　　(6) $\int \arcsin x\mathrm{d}x$;

(7) $\int \mathrm{e}^x\cos x\mathrm{d}x$;　　(8) $\int xf''(x)\mathrm{d}x$;

(9) $\int \arctan 2x\mathrm{d}x$;　　(10) $\int x^2\mathrm{e}^{3x}\mathrm{d}x$.

实训 2　能力提高与应用实训

实训目的:能用分部积分法解决一些较复杂的求不定积分问题.

实训准备:1.完成实训 1. 2. 熟练掌握分部积分公式.

实训内容:

计算下列不定积分.

(1)$\int (x^2-x)\ln x\mathrm{d}x$;

(2)$\int \sin(\ln x)\mathrm{d}x$;

(3)$\int \mathrm{e}^{\sqrt[3]{x}}\mathrm{d}x$

(4)$\int \mathrm{e}^{2x}\cos 3x\mathrm{d}x$;

(5)$\int \cos\sqrt{1-x}\mathrm{d}x$;

(6)$\int x\sin x\cos x\mathrm{d}x$;

(7)$\int \frac{\ln x}{x^2}\mathrm{d}x$;

(8)$\int \frac{1}{\sqrt{x}}\arcsin\sqrt{x})\mathrm{d}x$.

5.5 积分表的使用

5.5.1 知识点归纳与解析

本节内容为积分表的使用.

利用前人计算的结果,把一些常见的积分结果总结为公式来使用,这就是积分表,详见教材附录 I. 这是许多代数学工作者在实际工作中总结出来的,使用非常方便. 遇到相同的积分类型,可以直接查积分表求得结果.

5.5.2 题型分析与举例

用积分表求不定积分,主要有以下几种类型.

1. 直接查表. 通过直接查表即可得到积分结果.

2. 先换元再查表. 先对积分式进行换元,然后再根据积分的类型查表求得结果.

3. 先变换,后查表. 对被积函数进行恒等变换,变成可查表的积分类型,查表求解.

4. 利用递推公式.

教材中均有举例,这里不再赘述.

5.5.3 实训

实训 1 积分表的使用实训

实训目的:通过实训,进一步熟悉积分表和积分表的使用方法.

实训准备:1. 阅读教材附录Ⅰ:常用积分表;2. 熟读教材第 5.5 节.

实训内容:

(1) $\int \sqrt{3x^2+2}\,\mathrm{d}x$; (2) $\int \frac{1}{x^2(5+4x)}\mathrm{d}x$; (3) $\int \frac{1}{x^2+2x+5}\mathrm{d}x$;

(4) $\int (\ln x)^3\,\mathrm{d}x$; (5) $\int x\arcsin\frac{x}{2}\mathrm{d}x$; (6) $\int \mathrm{e}^{-2x}\sin 3x\,\mathrm{d}x$.

(7) $\int x^2\sqrt{x^2-2}\,\mathrm{d}x$；　　　　(8) $\int \cos^5 x\,\mathrm{d}x$.

5.6 应用举例

5.6.1 知识点归纳与解析

本节主要了解和熟悉不定积分在几何、物理、经济等方面的应用.

在几何上的应用主要是求积分曲线(或原函数)问题.如已知了曲线的切线,如何求曲线方程.

在物理上的应用.求物体的运动方程和速度方程等.

在经济上的应用.用于计算总量问题.如总成本、总产量、总利润等.

5.6.2 题型分析与举例

1.求曲线方程.

根据导数的几何意义,函数的导数就是曲线上任意一点处切线的斜率.

2.在经济上应用,求经济总量.

生产活动中,根据边际成本 $C'(x)$,边际收入 $R'(x)$,边际利润 $L'(x)$以及产量 x 的改变量(增量),总量就等于它们各自边际上的不定积分:

$$\text{收入总量}=\int R'(x)\mathrm{d}x,\ \text{成本总量}=\int C'(x)\mathrm{d}x,\ \text{利润总量}=\int L'(x)\mathrm{d}x.$$

3.物理上应用,求物理量总量.

物体的运动状态.设运动物体的加速度为 a,速度为 v,路程为 s,时间为 t.那么,他们之间的关系为

$$v=\int a(t)\mathrm{d}t,\ s=\int v(t)\mathrm{d}t.$$

5.6.3 实训

实训 1　应用能力实训

实训目的:通过实训,熟悉不定积分在实际中的简单应用.

实训准备:1.熟练不定积分的计算.2.熟悉相应专业知识.

实训内容：

1.已知某曲线过点$(-1,2)$，且过曲线上任一点的切线斜率等于该点横坐标的2倍，求此曲线方程.

2.一质点沿x轴做直线运动，任一时刻t的加速度$a(t)=-5\sin\left(2t+\frac{\pi}{4}\right)$.

(1)若该质点的初速度为$v(0)=0$，求质点的运动速度方程；

(2)若又知道质点的初始位置为$s(0)=\frac{5\sqrt{2}}{8}$，求质点的位移$s(t)$.

3.已知生产某产品x个单位时的边际收入(总收入R的变化率)为$R'(x)=200-\frac{x}{100}(x\geqslant0)$，求生产50个单位产品时的总收入.

4.将温度为100摄氏度的物体放在20摄氏度的空气中冷却，求物体冷却规律(即温度T与时间的函数关系.

5.设降落伞从跳伞塔下落，所受空气阻力与速度成正比，降落伞离开降落塔顶($t=0$)时的速度为零，求降落伞下落时的速度$v(t)$与时间t的函数关系.

第 6 章　定积分及其应用

6.1　定积分的概念和性质

6.1.1　知识点归纳与解析

1.定积分的概念.

教材从实例入手引出定积分的概念，了解实例，对掌握定积分的概念，用定积分解决实际问题意义重大.定积分的思想就是把求不规则的量，用“分割、替代、求和、取极限”的方法，即“大化小，常代变，近似和取极限”的方法来解决.

这里讨论的函数是闭区间上的有界函数.

在理解定积分的概念时，要注意教材中提出的几点说明.对于给定的区间，定积分是一个值，是一个和式的极限值，而不是一个变量.

另外，要注意积分上下限和积分区间端点的关系.

2.定积分的几何意义.

定积分是曲线与横轴围成区域面积的代数和，不一定是各部分区域的面积和.

3.定积分的性质.

教材中给出了定积分的 7 条性质，要求理解并牢记.要理解性质的几何意义.

6.1.2　题型分析与举例

1.根据定义求定积分.

用定积分的定义求积分虽然可行，但可操作性差，很难求出准确的结果.因此，不建议用定义求定积分.

2.几何意义的应用.

用定积分表示几条曲线围成的区域的面积或用求面积求定积分的值.

例 1　用定积分表示由曲线 $y=f(x)$，直线 $x=a,x=b,x$ 轴所围成的曲边梯形的面积 A.

解　根据定积分的几何意义知：

当 $y=f(x)>0$ 时，$A=\int_a^b f(x)\mathrm{d}x$；

当 $y=f(x)<0$ 时，$A=-\int_a^b f(x)\mathrm{d}x$；

当 $y=f(x)$与横轴有交点时，$A=\int_a^b |f(x)|\mathrm{d}x$.

3.定积分性质的应用.

性质 1、性质 2 和性质 3 是定积分的运算性质，可把复杂的积分问题化为简单的积分问题.

利用性质 5，通过比较被积函数的大小即可比较出积分的大小.

性质六(估值定理)在一些工程上的估值计算中非常有用.

例2 估计定积分$\int_{-1}^{1}\mathrm{e}^{-x^2}\mathrm{d}x$的值的范围.

分析 根据定积分的估值定理,先求出被积函数在积分区间上的最大值和最小值.

解 设$f(x)=\mathrm{e}^{-x^2}$,则$f'(x)=-2x\mathrm{e}^{-x^2}$. 令$f'(x)=0$,求得驻点为$x=0$,比较驻点及区间端点处的函数值

$$f(0)=\mathrm{e}^0=1,\ f(-1)=f(1)=\frac{1}{\mathrm{e}}.$$

所以函数的最大值$M=1$,最小值$m=\frac{1}{\mathrm{e}}$. 由定积分的估值定理有

$$\frac{1}{\mathrm{e}}\cdot[1-(-1)]\leqslant\int_{-1}^{1}\mathrm{e}^{-x^2}\mathrm{d}x\leqslant 1\cdot[1-(-1)],$$

即

$$\frac{2}{\mathrm{e}}\leqslant\int_{-1}^{1}\mathrm{e}^{-x^2}\mathrm{d}x\leqslant 2.$$

6.1.3 实训

实训1 基础知识实训

实训目的:巩固对定积分概念的理解,理解定积分的几何意义;熟练掌握定积分的性质和简单应用.

实训准备:熟读教材“6.1 定积分的概念和性质”一节.

实训内容:

1. 回答下列问题.

(1)如何理解闭区间上函数的可积性?

(2)某函数在一确定闭区间上的定积分是确定的量还是变化的量? 说说你的理由.

(3)定积分与哪些因素有关?

(4)有界函数在一点的定积分是多少?

(5)写出定积分的5条性质.

(6)函数一定,定积分和积分区间有什么关系?

2.指出下列定积分的被积函数、被积表达式、积分区间.

(1)$\int_a^b f(t)\mathrm{d}t$;　　(2)$\int_0^x \mathrm{e}^{2t}\mathrm{d}t$;　　(3)$\int_0^1 \mathrm{e}^x\mathrm{d}x$;

(4)$\int_{-2}^0 \frac{1}{1+\mathrm{e}^x}\mathrm{d}x$;　　(5)$\int_1^{\sqrt{3}} \mathrm{d}x$;　　(6)$\int_0^{\frac{\pi}{2}} \sin x\cos^2 x\mathrm{d}x$

实训 2　基本能力实训

实训目的:进一步理解定积分的概念和几何意义,能利用定积分的几何意义和性质解题.

实训准备:熟悉定积分的概念和性质.

实训内容:

1.指出下列定积分的大小关系:

(1)$\int_a^b f(t)\mathrm{d}t$ ______ $\int_a^b f(u)\mathrm{d}u$;　　(2)$\int_a^b f(t)\mathrm{d}t$ ______ $-\int_b^a f(t)\mathrm{d}t$;

(3)$\int_0^{\frac{\pi}{4}} \sin x\mathrm{d}x$ ______ $\int_0^{\frac{\pi}{4}} \cos x\mathrm{d}x$;　　(4)$\int_0^2 \mathrm{e}^{-x}\mathrm{d}x$ ______ $\int_0^2 (1+x)\mathrm{d}x$;

(5)$\int_{2015}^{2015} \sin x\mathrm{d}x$ ______ 0;　　(6)$\int_0^1 \frac{1}{x^2}\mathrm{d}x$ ______ $\int_0^1 \frac{1}{x}\mathrm{d}x$.

2.估计下列积分的值的范围:

(1)$\int_{-1}^1 \mathrm{e}^x\mathrm{d}x$;　　(2)$\int_0^1 (1+x^2)\mathrm{d}x$;　　(3)$\int_{\frac{1}{\mathrm{e}}}^{\mathrm{e}} \ln x\mathrm{d}x$.

3. 根据定积分的几何意义，求出下列积分的值：

(1) $\int_{1}^{5} 4\mathrm{d}x$；　(2) $\int_{1}^{3}(1+x)\mathrm{d}x$；　(3) $\int_{0}^{1}\sqrt{1-x^2}\,\mathrm{d}x$.

实训 3　能力提高与应用实训

实训目的：熟悉定积分在几何、物理等方面的简单应用.

实训准备：熟悉定积分的概念和性质.

实训内容：

1. 画出下列图形的简图，并用定积分表示图形的面积：

(1) 由曲线 $y=\mathrm{e}^{-x}$，直线 $y=x+1$，$x=1$ 所围成的图形；

(2) 由曲线 $y=x^3$，直线 $x=1$，$x=2$ 以及 x 轴($y=0$)所围成的曲边梯形；

(3) 由曲线 $y=\ln x$，直线 $x=0.5$，$x=\mathrm{e}$ 以及 $y=0$ 所围成的图形；

(4) 由曲线 $y=\cos x$，直线 $x=-\frac{\pi}{2}$，$x=\pi$ 以及 x 轴所围成的图形；

(5)由曲线 $y=f(x)$，$y=g(x)(f(x)>g(x))$以及直线 $x=a$，$x=b$ 所围成的图形.

2.已知变速直线运动的物体的速度为 $v=3t^2-\sin t$，用定积分表示该物体在时间段$[0,10]$上的平均速度.

3.已知电流强度 I 与时间 t 的函数关系是连续函数 $I=I(t)$，试用定积分表示时间间隔$[0,T]$内流过导体横截面的电量 Q.

6.2　微积分基本定理

6.2.1　知识点归纳与解析

本节主要内容为微积分基本定理和变上限积分.要求掌握微积分基本定理，会用牛顿—莱布尼茨公式求定积分.理解变上限定积分的概念和性质，会求变上限定积分的导数.

1.变上限定积分.

一般来说，定积分的上下限都是确定的数，如果上限是变量或函数，就是变上限定积分，它是关于上限变量的函数.变上限定积分在证明微积分基本定理时是很重要的工具.利用变上限积分的性质可以求变上限积分的导数.

2.微积分基本定理.

该定理将不定积分和定积分紧密地联系在了一起，给出了利用不定积分求定积分的有效而又简单的方法：要计算函数 $f(x)$在区间$[a,b]$上的定积分，只要求出函数 $f(x)$在区间$[a,b]$上的一个原函数 $F(x)$，然后计算 $F(b)-F(a)$即可.

教材中给出了两个 $F(b)-F(a)$的记号，大家要记住，并理解其含义，在计算中可选择使用.

6.2.2　题型分析与举例

本节的题型主要是用牛顿—莱布尼茨公式计算定积分.另外要会求变上限定积分的导数.

1.求变上限定积分的导数.

利用变上限定积分的性质求变上限积分的导数，即

$$\left[\int_a^x f(t)\,\mathrm{d}t\right]'=f(x)\,(a\leqslant x\leqslant b),$$

一定是变上限定积分才有这样的性质，如果是变下限，要转化为变上限.举例请参阅配套教材中的例题.

变上限定积分是关于变量 x 的函数，若求一个函数与变上限定积分乘积的导数，则需按函数乘积的求导法则来计算，如$\left[g(x)\cdot\int_a^x f(t)\,\mathrm{d}t\right]'=g'(x)\cdot\int_a^x f(t)\,\mathrm{d}t+g(x)\cdot\left[\int_a^x f(t)\,\mathrm{d}t\right]'$.

如果上限也是关于 x 的函数，那么变上限积分就是关于 x 的复合函数，求导数时要按复合函数求导法求导. 如果上限是 x 的函数 $\varphi(x)$，则有

$$\frac{\mathrm{d}}{\mathrm{d}x}\left[\int_a^{\varphi(x)} f(t)\mathrm{d}t\right]=f(\varphi(x))\cdot\varphi'(x).$$

变上限定积分主要是为证明微积分基本定理做准备.

2. 用牛顿—莱布尼茨公式求定积分.

这是求定积分最简单有效的方法，可充分利用不定积分基本公式.

例 求 $\int_0^{\frac{\pi}{2}}|\sin x-\cos x|\mathrm{d}x$.

分析 被积函数是带有绝对值符号的函数，要计算定积分，必须先去掉绝对值符号. 但在积分区间 $\left[0,\frac{\pi}{2}\right]$ 内，$\sin x$ 与 $\cos x$ 的大小不能确定，函数 $\sin x$ 与 $\cos x$ 的交点为 $x=\frac{\pi}{4}$（积分区间分界点），把积分区间分成 $\left[0,\frac{\pi}{4}\right]$ 和 $\left[\frac{\pi}{4},\frac{\pi}{2}\right]$ 两个子区间，在这两个子区间内，函数 $\sin x$ 与 $\cos x$ 都能比较出大小，就可去掉绝对值符号，即可求积分了.

解

$$\begin{aligned}\int_0^{\frac{\pi}{2}}|\sin x-\cos x|\mathrm{d}x&=\int_0^{\frac{\pi}{4}}(\cos x-\sin x)\mathrm{d}x+\int_{\frac{\pi}{4}}^{\frac{\pi}{2}}(\sin x-\cos x)\mathrm{d}x\\&=(\sin x+\cos x)\Big|_0^{\frac{\pi}{4}}+(-\cos x-\sin x)\Big|_{\frac{\pi}{4}}^{\frac{\pi}{2}}\\&=\sqrt{2}-1+(-1+\sqrt{2})=2\sqrt{2}-2.\end{aligned}$$

6.2.3 实训

实训 1 基本能力实训

实训目的：熟练使用牛顿—莱布尼茨公式求定积分.

实训准备：1. 理解并熟记牛顿—莱布尼茨公式. 2. 复习不定积分基本公式和积分法.

实训内容：

1. 求下列函数的导数.

(1) $\varphi(x)=\int_a^b f(u)\mathrm{d}u$；

(2) $\varphi(x)=\int_0^x \mathrm{e}^{3u}\mathrm{d}u$；

(3) $\varphi(x)=\int_x^0 \cos(3u+1)\mathrm{d}u$；

(4) $\varphi(x)=\int_0^{x^2} \mathrm{e}^{t^2}\mathrm{d}t$.

2. 计算下列定积分.

(1) $\int_0^2 e^x dx$；

(2) $\int_0^{\frac{\pi}{2}} \cos x dx$；

(3) $\int_0^2 (3x^2+1) dx$；

(4) $\int_0^{\frac{\pi}{2}} \sin x \cos^2 x dx$；

(5) $\int_1^{\sqrt{3}} \frac{2x^2+1}{(1+x^2)x^2} dx$；

(6) $\int_{-1}^0 \frac{3x^4+3x^2+1}{1+x^2} dx$；

(7) $\int_{-2}^0 \frac{1}{1+e^x} dx$；

(8) $\int_0^1 x e^{x^2} dx$.

实训 2　能力提高与应用实训

实训目的：进一步熟悉变上限定积分的性质和使用牛顿—莱布尼茨公式求定积分.

实训准备：完成实训 1.

实训内容：

1. 求下列极限.

(1) $\lim\limits_{x \to 0} \frac{\int_0^x t \tan t dt}{x^3}$；

(2) $\lim\limits_{x \to 0} \frac{\int_1^{\cos x} e^{-t^2} dt}{x^2}$；

(3) $\lim\limits_{x \to 0} \frac{\int_0^x (1+t)^{\frac{1}{t}} dt}{x}$.

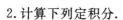

2.计算定积分.

(1)$\int_0^1 \frac{x}{1+x^2}\mathrm{d}x$；　(2)$\int_{-4}^0 |x+2|\mathrm{d}x$；　(3)$\int_0^{\sqrt{3}} \frac{1}{\sqrt{4-x^2}}\mathrm{d}x$；

(4)$\int_0^1 (2x-1)^{100}\mathrm{d}x$　(5)$\int_0^{\pi} \sqrt{\sin x-\sin^3 x}\mathrm{d}x$；　(6)$\int_1^{\mathrm{e}} \frac{1+\ln x}{x}\mathrm{d}x$；

(7)$\int_2^3 \frac{1}{x^2-1}\mathrm{d}x$；　(8)$\int_{-1}^1 \sqrt{x^2}\mathrm{d}x$.

3.设函数 $f(x)=\begin{cases}x+1, & x\geqslant 0,\\ \mathrm{e}^{-x}, & x<0,\end{cases}$ 求函数 $f(x)$在区间$[-1,2]$上的定积分.

4.求下列函数的导数.

(1)$\varphi(x)=\int_{x^2}^{x^3} \frac{1}{\sqrt{1+u^2}}\mathrm{d}u$；　(2)$\varphi(x)=\int_0^x (u^2-x^3)\sin u\mathrm{d}u$.

6.3　定积分的换元法与分部积分法

6.3.1　知识点归纳与解析

本节内容为定积分的换元法和分部积分法.

1.定积分的换元法.

这里的换元法类似于不定积分的第二换元法，只是定积分换元涉及积分限.定积分换元后没有回代的过程，因为定积分的结果是一个数值，换元后求出的结果仍然是一个数值.另外要特别注意的是：换元必换限，上限对上限，下限对下限.

定积分的换元法与不定积分换元法引入新变量的方法类似.

2.分部积分法.

和不定积分分部积分法相比较，定积分的分部积分公式中只是多了上下限，计算时根据牛顿－莱布尼茨公式求积分的值.应用范围是用于求两种不同类型函数的乘积的定积分.

这两种方法并不是独立使用的，往往要和前面的积分方法综合起来使用.

3.对称区间上奇偶函数的定积分.

理解什么是对称区间，知道对称区间上奇偶函数的定积分的特点和几何意义.

6.3.2　题型分析与举例

1.用定积分的换元法求定积分.

换元法主要用于去掉被积函数中的根号.当被积函数中含有$\sqrt[n]{x}$、或$\sqrt[n]{ax+b}$的情况时，可令相应的根式为一个新的变量，从而去掉根号.

解题步骤可概括为四步：假设、定限、换式、计算：

假设，引入新变量；

定限，确定新变量的上下限.

换式，将原积分式换为关于新变量的积分式.

计算，按新变量计算定积分，结果即原定积分值.

例 1　求$\int_{\ln 3}^{\ln 8}\sqrt{e^x+1}\,dx$.

分析　被积函数中含有一个根式，可令$\sqrt{e^x+1}=t$去掉根号.

解　令$\sqrt{e^x+1}=t$，则$x=\ln(t^2-1)$，$dx=\dfrac{2t}{t^2-1}dt$.

当$x=\ln 3$时，$t=2$；当$x=\ln 8$时，$t=3$.所以

$$\int_{\ln 3}^{\ln 8}\sqrt{e^x+1}\,dx=\int_2^3\frac{t}{t^2-1}2t\,dt=2\int_2^3\frac{t^2}{t^2-1}dt=2\int_2^3\frac{t^2-1+1}{t^2-1}dt$$

$$=2\int_2^3\left(1+\frac{1}{t^2-1}\right)dt=\left[2t+\ln\left|\frac{t-1}{t+1}\right|\right]_2^3=2+\ln 3-\ln 2.$$

2. 分部积分法求定积分.

分部积分法与不定积分的分部积分法类似，用于被积函数是两类不同类型函数乘积的积分计算问题.多用于消除反三角函数和对数函数等.

例 2 求$\int_0^{\sqrt{3}}\arctan x\,dx$.

分析 把 $\arctan x$ 看做u,dx 看做 dv,分部积分.

解 $\int_0^{\sqrt{3}}\arctan x dx = x\arctan x\Big|_0^{\sqrt{3}} - \int_0^{\sqrt{3}} x d\arctan x = x\arctan x\Big|_0^{\sqrt{3}} - \int_0^{\sqrt{3}} \frac{x}{1+x^2}dx$

$$=\frac{\sqrt{3}}{3}\pi - \frac{1}{2}\ln(1+x^2)\Big|_0^{\sqrt{3}} = \frac{\sqrt{3}}{3}\pi - \ln 2.$$

6.3.3 实训

实训 1 基本能力实训

实训目的:通过实训,初步学会用换元法和分部积分法求定积分.

实训准备:1.熟读配套教材 6.3 节;2.复习积分基本公式.

实训内容:

1.计算下列定积分.

(1)$\int_4^9 \frac{\sqrt{x}}{\sqrt{x}-1}dx$;　　(2)$\int_0^1 \frac{\sqrt{x}}{1+\sqrt{x}}dx$;　　(3)$\int_3^8 \frac{x}{\sqrt{x+1}}dx$;

(4)$\int_{-1}^1 x^5\cos x dx$;　　(5)$\int_0^{\frac{\pi}{2}} \cos^5 x\sin x dx$;　　(6)$\int_0^{\ln 2} \sqrt{e^x-1}\,dx$;

(7) $\int_0^{\pi} x\cos x\mathrm{d}x$；　　(8) $\int_0^1 x\mathrm{e}^{-x}\mathrm{d}x$；　　(9) $\int_0^1 x\arctan x\mathrm{d}x$；

(10) $\int_1^{\mathrm{e}} x\ln x\mathrm{d}x$.

2. 计算 $\int_{\frac{1}{\mathrm{e}}}^{\mathrm{e}} |\ln x|\mathrm{d}x$.

实训 2　能力提高与应用实训

实训目的:进一步巩固换元法和分部积分法求定积分.

实训准备:完成实训 1.

实训内容:

1. 计算下列定积分.

(1) $\int_0^{\frac{\pi}{2}} \mathrm{e}^x\cos x\mathrm{d}x$；　　(2) $\int_0^{\pi^2} \cos\sqrt{x}\mathrm{d}x$；　　(3) $\int_0^1 x\sqrt{1-x}\mathrm{d}x$；

(4) $\int_0^4 \frac{x+2}{\sqrt{2x+1}}dx$；(5) $\int_{-\frac{\pi}{2}}^{\frac{\pi}{2}} (x+1)\cos x dx$；(6) $\int_{-1}^{1} \frac{1+\sin x}{1+x^2}dx$；

(7) $\int_{\ln 3}^{\ln 8} \frac{xe^x}{\sqrt{1+e^x}}dx$；(8) $\int_0^a \sqrt{a^2-x^2}\,dx$；(9) $\int_1^4 \frac{\ln x}{\sqrt{x}}dx$；

(10) $\int_0^2 \frac{1}{\sqrt{x+1}+\sqrt{(x+1)^3}}dx$；(11) $\int_{-1}^{-3} \frac{1}{x^2+4x+5}dx$；(12) $\int_0^{\frac{\pi}{2}} \sin^7 x dx$.

2. 如函数 $f''(x)$是连续函数，$f(2)=3$，$f'(2)=0$，$\int_0^2 f(x)dx=2$，求$\int_0^1 x^2 f''(2x)dx$.

3. 某产品在时刻 t 的总产量变化率为 $f(t)=100+12t-0.6t^2$，求 $t=2$ 到 $t=4$ 时间内的总产量(提示：总量等于时间段内变化率的定积分).

6.4　广义积分

6.4.1　知识点归纳与解析

本节主要内容为广义积分的概念和计算方法.主要讨论无限区间上有界函数的广义积分和有限区间上无界函数的广义积分.相对于广义积分,把前面讨论的有限区间上有界函数的积分称为常义积分.

要求会判断广义积分的敛散性,收敛时要能求出积分.

1.无限区间上的广义积分

被积函数有界,但积分区间无限的定积分.理解无限区间上广义积分的概念,会判断积分的敛散性,会求积分.

2.无界函数的广义积分

积分区间有限,被积函数无界的定积分,即被积函数在积分区间内有无穷间断点.由于积分区间是有限的,很容易看为是常义积分,学习时要特别注意.

以上两种积分敛散性判断的基本思想是:化广为定取极限.

要注意符号 $F(+\infty)$、$F(-\infty)$、$F(a)$、$F(b)$的含义.

6.4.2　题型分析与举例

1.判断无限区间上的广义积分的敛散性.

判定思路是:靠近无穷端点一侧取变量,化广为常取极限,极限存在就收敛,不存在就发散.包括三种类型(设 $F(x)$是 $f(x)$的原函数):

(1)$[a,+\infty)$型区间:$\int_a^{+\infty} f(x)\mathrm{d}x=\lim\limits_{t\to+\infty}\int_a^t f(x)\mathrm{d}x=\lim\limits_{x\to+\infty}F(x)-F(a)$.

(2)$(-\infty,a]$型区间:$\int_{-\infty}^{b} f(x)\mathrm{d}x=\lim\limits_{t\to-\infty}\int_t^b f(x)\mathrm{d}x=F(b)-\lim\limits_{x\to-\infty}F(x)$.

(3)$(-\infty,+\infty)$型区间:$\int_{-\infty}^{+\infty} f(x)\mathrm{d}x=\int_{-\infty}^{c} f(x)\mathrm{d}x+\int_c^{+\infty} f(x)\mathrm{d}x=\lim\limits_{x\to+\infty}F(x)-\lim\limits_{x\to-\infty}F(x)$,

当$\lim\limits_{x\to+\infty}F(x)$和$\lim\limits_{x\to-\infty}F(x)$中有一个不存在时,相应的积分发散.

注意:t要取在相应区间内靠无穷大的一侧.

例 1　求$\int_{-\infty}^{+\infty}\dfrac{1}{x^2+2x+2}\mathrm{d}x$.

分析　可以按上述第三种情况,将积分区间化为$(-\infty,c]$和$[c,+\infty)$,然后利用前两种情形讨论敛散性.也可以引入两个变量,一个靠近$-\infty$,一个靠近$+\infty$,化无限区间$(-\infty,+\infty)$为有限区间$[a,b]$,然后取极限.

解　因为函数的积分区间为$(-\infty,+\infty)$,故取 $a,b\in(-\infty,+\infty)$,所以

$$\begin{aligned}\int_{-\infty}^{+\infty}\frac{1}{x^2+2x+2}\mathrm{d}x&=\lim_{a\to-\infty}\lim_{b\to+\infty}\int_a^b\frac{1}{x^2+2x+2}\mathrm{d}x=\lim_{a\to-\infty}\lim_{b\to+\infty}\int_a^b\frac{1}{(x+1)^2+1}\mathrm{d}(x+1)\\&=\lim_{a\to-\infty}\lim_{b\to+\infty}\left[\arctan(x+1)\big|_a^b\right]=\lim_{a\to-\infty}\lim_{b\to+\infty}\left[\arctan(b+1)-\arctan(a+1)\right]\\&=\lim_{a\to-\infty}\left[\frac{\pi}{2}-\arctan(a+1)\right]=\frac{\pi}{2}-\left(-\frac{\pi}{2}\right)=\pi.\end{aligned}$$

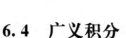

这样解起来很麻烦，根据牛顿-莱布尼茨公式和广义积分的定义，可以直接根据公式$\int_{-\infty}^{+\infty} f(x)\,\mathrm{d}x = F(x)\Big|_{-\infty}^{+\infty}$来解.

解 $\int_{-\infty}^{+\infty} \frac{1}{x^2+2x+2}\mathrm{d}x = \int_{-\infty}^{+\infty} \frac{1}{(x+1)^2+1}\mathrm{d}(x+1) = \arctan(x+1)\Big|_{-\infty}^{+\infty} = \frac{\pi}{2} - \left(-\frac{\pi}{2}\right) = \pi.$

大家要理解这种思路和方法.

2. 判断无界函数的广义积分敛散性.

敛散性判定的思路：在无穷间断点附近取变量，化广为常取极限，极限存在就收敛，不存在就发散. 包括三种类型(设 $F(x)$是 $f(x)$的原函数)$x\in[a,b]$.

(1)a 为无穷间断点，即 $x\to a^+$ 时，$f(x)\to\infty$：

$$\int_a^b f(x)\,\mathrm{d}x = \lim_{t\to a^+}\int_t^b f(x)\,\mathrm{d}x.$$

(2)b 为无穷间断点，即 $x\to b^-$ 时，$f(x)\to\infty$：

$$\int_a^b f(x)\,\mathrm{d}x = \lim_{t\to b^-}\int_a^t f(x)\,\mathrm{d}x.$$

(3)$c\in[a,b]$为无穷间断点：

$$\int_a^b f(x)\,\mathrm{d}x = \int_a^c f(x)\,\mathrm{d}x + \int_c^b f(x)\,\mathrm{d}x = \lim_{t\to c^-}\int_a^t f(x)\,\mathrm{d}x + \lim_{u\to c^+}\int_u^b f(x)\,\mathrm{d}x,$$

上述极限若有一个不存在，则相应广义积分发散.

6.4.3 实训

实训 1 基本能力实训

实训目的：进一步理解广义积分的概念，熟悉广义积分的求法.

实训准备：1. 熟读教材 5.4 节. 2. 复习定积分的计算方法.

实训内容：

计算下列广义积分.

(1)$\int_{-\infty}^{0} \mathrm{e}^x\,\mathrm{d}x$；　　(2)$\int_{2}^{+\infty} \frac{1}{x\ln x}\mathrm{d}x$；　　(3)$\int_{-\infty}^{+\infty} \frac{1}{x^2+1}\mathrm{d}x$；

(4)$\int_{0}^{1} \frac{1}{x}\mathrm{d}x$；　　(5)$\int_{1}^{+\infty} x^{-4}\,\mathrm{d}x$；　　(6)$\int_{-\infty}^{0} \cos x\,\mathrm{d}x$；

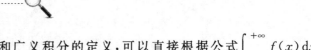

(7) $\int_{0}^{1}\frac{1}{\sqrt{1-x}}dx$；　　(8) $\int_{0}^{a}\frac{1}{\sqrt{a^2-x^2}}dx(a>0)$.

实训 2　能力提高与应用实训

实训目的:进一步巩固广义积分敛散性的判定方法.

实训准备:完成实训 1.

实训内容:

1. 计算下列广义积分.

(1) $\int_{0}^{1}\frac{1}{\sqrt[3]{x}}dx$；　　(2) $\int_{0}^{+\infty}e^{\sqrt{x}}dx$；　　(3) $\int_{-\infty}^{0}xe^{x}dx$；

(4) $\int_{0}^{1}\frac{x}{\sqrt{1-x^2}}dx$；　　(5) $\int_{\frac{\pi}{4}}^{\frac{3\pi}{4}}\sec^2 x dx$；　　(6) $\int_{a}^{b}\frac{1}{(x-a)^q}dx(q>1)$.

2. 讨论 $\int_{a}^{+\infty}\frac{1}{x^p}dx(a>0)$ 的敛散性.

6.5 定积分在几何上的应用

6.5.1 知识点归纳与解析

1.微元法的解决步骤.

(1)根据实际问题,确定积分变量 x 及积分区间$[a,b]$;

(2)在区间$[a,b]$内任取区间微元$[x,x+\mathrm{d}x]$,求其对应的部分量 Δs 的近似值 $\mathrm{d}s$;

(3)将 s 的微元 $\mathrm{d}s$ 从 a 到 b 积分,即得所求整体量 s.

$$s=\int_a^b \mathrm{d}s=\int_a^b f(x)\mathrm{d}x.$$

2.平面曲线的弧长.

$$\mathrm{d}s=\sqrt{(\mathrm{d}x)^2+(\mathrm{d}y)^2}.$$

3.平面图形的面积.

(1)X 型:由连续曲线 $y=f(x),y=g(x)(f(x)\geqslant g(x))$直线 $x=a,x=b$ 所围成的平面图形的面积.

$$s=\int_a^b [f(x)-g(x)]\mathrm{d}x.$$

(2)Y 型:由连续曲线 $x=\varphi(y),x=\psi(y)(\psi(y)\leqslant\varphi(y))$与直线 $y=c,y=d$ 所围成的平面图形.

$$s=\int_c^d [\varphi(y)-\psi(y)]\mathrm{d}y.$$

4.旋转体的体积

(1)连续曲线 $y=f(x)$,直线 $x=a,x=b$ 及 x 轴所围成的曲边梯形绕 x 轴旋转一周而成立体的体积

$$V=\int_a^b S(x)\mathrm{d}x=\int_a^b \pi f^2(x)\mathrm{d}x.$$

(2)连续曲线 $x=\varphi(y)$,直线 $y=c,y=d$ 及 y 轴所围成的曲边梯形绕 y 轴旋转一周而成立体的体积($c<d$)

$$V=\int_c^d S(y)\mathrm{d}y=\int_c^d \pi\varphi^2(y)\mathrm{d}y.$$

6.5.2 题型分析与举例

例 1 求摆线$\begin{cases}x=a(t-\sin t)\\y=a(1-\cos t)\end{cases}$一拱($0\leqslant t\leqslant 2\pi$)的弧长.

解 $x'(t)=a(1-\cos t),y'(t)=a\sin t$ 由公式得

$$S=\int_0^{2\pi}\sqrt{x'^2(t)+y'^2(t)}\,\mathrm{d}t=\int_0^{2\pi}\sqrt{2a^2(1-\cos t)}\,\mathrm{d}t=2a\int_0^{2\pi}\sin\frac{t}{2}\mathrm{d}t=8a.$$

例 2 求由曲线 $y=|\ln x|$与直线 $x=\frac{1}{10},x=10,y=0$ 所围图形的面积.

解 将图形分成两部分,如图 6-1 所示,分别两部分面积之和

$$S=\int_{\frac{1}{10}}^{1}(-\ln x)\mathrm{d}x+\int_1^{10}\ln x\mathrm{d}x.$$

应用分部积分法求解即可

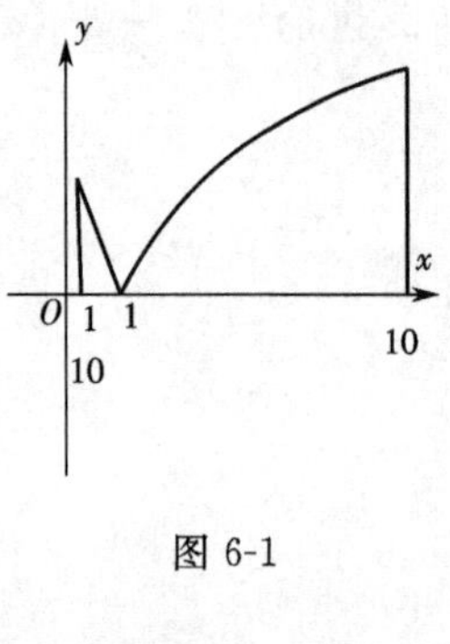

图 6-1

$$S=(-x\ln x+x)\Big|_{\frac{1}{10}}^{1}+(x\ln x-x)\Big|_{1}^{10}$$

$$=9.9\ln 10-8.1.$$

例 3　求圆 $x^2+(y-2)^2=4$ 绕 x 轴旋转一周而成的立体体积.

解　如图 6-2 所示，$y=2\pm\sqrt{4-x^2}$，

$$V=\pi\int_{-2}^{2}\left[(2+\sqrt{4-x^2})^2-(2-\sqrt{4-x^2})^2\right]dx$$

$$=16\pi\int_{0}^{2}\sqrt{4-x^2}\,dx=64\pi\int_{0}^{\frac{\pi}{2}}\cos^2 t\,dt$$

$$=32\pi\left(\int_{0}^{\frac{\pi}{2}}dt+\int_{0}^{\frac{\pi}{2}}\cos 2t\,dt\right)=16\pi^2.$$

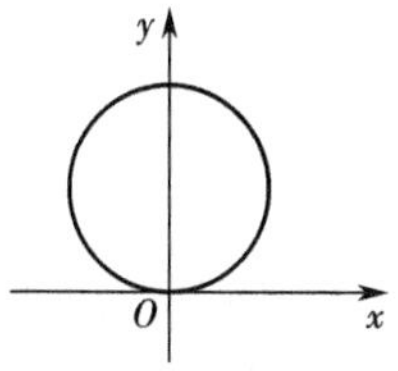

图 6-2

6.5.3　实训

实训 1　基础知识实训

实训目的：通过该实训，加深学生对定积分在几何上应用的理解.

实训内容：

1. 求下列曲线的弧长：

(1) $y=x^{3/2}$，$0\leqslant x\leqslant 4$；　　(2) $y=\frac{2}{3}x^{\frac{3}{2}}$，$0\leqslant x\leqslant 1$.

2. 求由曲线 $y=\frac{1}{x}$ 与直线 $y=x$、$y=2$ 围成平面图形的面积.

3. 求由曲线 $y=x^2+1$ 与直线 $x=-1$，$x=1$ 以及 x 轴所围成的平面图形的面积.

4.计算由 $y=\sqrt{x}$，$y=1$，y 轴围成的图形分别绕 y 轴及 x 轴旋转所生成的立体体积.

实训 2　基本能力实训

实训目的：通过该实训，进一步掌握定积分在几何上的应用.

实训内容：

1.求悬链线 $y=\dfrac{e^x+e^{-x}}{2}$ 从 $x=0$ 到 $x=a>0$ 一段的弧长.

2.求由抛物线 $x=2-y^2$ 与直线 $y=x$ 所围成的平面图形的面积.

3.曲线 $y=x^2$，$y=2x^2$，$y=1$ 围成的平面图形绕 y 轴旋转所得旋转体体积.

实训 3　能力提高与应用实训

实训目的：通过该实训提高学生对定积分在几何上应用的认识.

实训内容：

1. 求由曲线 $y=x^2(x\geqslant 0)$，$y=x+2$，$y=1$ 与 y 轴所围成平面图形的面积.

2.求由曲线 $y=3-2x-x^2$ 与直线 $y=x+3$ 所围成平面图形的面积.

3. 求由曲线 $y=2x-x^2$，$y=0$ 围成平面图形绕 x 轴旋转一周所得旋转体的体积.

6.6　定积分在物理上的应用

6.6.1　知识点归纳与解析

1. 变力做功.

如果一个物体在变力 $F(x)$ 的作用下沿直线运动，设沿 Ox 轴运动，当物体由 Ox 轴上的点 a 移动到点 b，则

$$W=\int_a^b F(x)\mathrm{d}x$$

2. 液体压力.

$$F=\int_a^b \rho x\cdot f(x)\mathrm{d}x.$$

6.6.2　题型分析与举例

例　一柱形的储水桶高为 5 m，底圆半径为 3 m，桶内盛满水，试问要把桶内的水全部吸出需做多少功？

分析　这个问题显然是变力做功问题. 在抽水过程中，水面在逐渐下落，因此吸出同样重量，对不同深度的水所做的功不同.

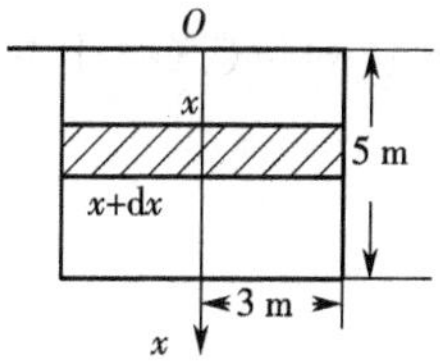

图 6-3

解　如图 6-3 所示建立坐标系，取深度 x 为积分变量，则所求功 W 对区间 $[0,5]$ 具有可加性，现用微元法求解.

在 $[0,5]$ 上任取一小区间 $[x,x+\mathrm{d}x]$，则其对应的小薄层水的重量＝体积×比重＝$(\pi R^2\cdot h)\cdot\rho=\pi 3^2\mathrm{d}x\cdot\rho=9\pi\rho\mathrm{d}x$.

将这一薄层水吸出桶外时，需提升的距离近似地为 x，因此需做功的近似值，即功的微元为

$$\mathrm{d}W=x\cdot 9\pi\rho\mathrm{d}x=9\pi\rho x\mathrm{d}x.$$

于是所求功
$$W=\int_0^5 9\pi\rho x\mathrm{d}x=9\pi\rho\left(\frac{x^2}{2}\right)\Bigg|_0^5=\frac{225}{2}\rho\pi.$$

将 $\rho=9.8\times10^3\ \mathrm{N/m^3}$ 代入，得 $W=\frac{225}{2}\cdot 9\ 800\pi\approx3.46\times10^6\,\mathrm{J}$.

6.6.3　实训

实训 1　基础知识实训

实训目的：通过该实训了解定积分在物理上的应用.

实训内容：

1. 一个弹簧，用 4 N 的力可以把它拉长 0.02 m，求把它拉长 0.1 m 所做的功.

2. 直径为 20 cm，长为 80 cm 的圆柱形容器被压力为 10 kg/cm^2 的蒸汽充满着，假定气体的温度不变，要使气体的体积减小一半，需做多少功？

3. 有一截面积为 20 m^2，深为 5 m 的水池盛满了水，用抽水泵把这水池中的水全部吸出，需要做多少功？

4. 有一圆台形的桶，盛满了汽油，桶高为 3 m，上下底半径分别为 1 m 和 2 m，试求将桶内汽油全部吸出所耗费的功（汽油比重 $\rho=7.84\times10^3$ N/m^3）.

6.7　定积分在经济上的应用

6.7.1　知识点归纳与解析

1. 根据边际函数求经济函数在某区间的增量.

$[a,b]$上的收入总量：$R(b)-R(a)=\int_a^b R'(x)\mathrm{d}x$.

$[a,b]$上的成本总量：$C(b)-C(a)=\int_a^b C'(x)\mathrm{d}x$.

$[a,b]$上的利润总量：$L(b)-L(a)=\int_a^b L'(x)\mathrm{d}x$.

2. 由经济函数的变化率求经济函数在某区间上的平均变化率.

设某经济函数的变化率为 $f(t)$，则 $\dfrac{\int_{t_1}^{t_2} f(t)\mathrm{d}t}{t_2-t_1}$ 为该经济函数在时间间隔$[t_2,t_1]$内的平均变化率.

3. 由贴现率求总贴现值在时间区间上的增量的求法.

设某个项目在 t(年)时的收入为 $f(t)$(万元)，年利率为 r，即贴现率是 $f(t)\mathrm{e}^{-rt}$，则应用定积分计算，该项目在时间区间$[a,b]$上总贴现值的增量为$\int_a^b f(t)\mathrm{e}^{-rt}n\,\mathrm{d}t$.

6.7.2　题型分析与举例

例 1　已知某产品的总产量的变化率为 $f(t)=40+12t-\frac{3}{2}t^2$(件/天)，求从第 2 天到第 10 天生产产品的总量.

解　从产量为 $x=\int_2^{10} f(t)\,\mathrm{d}t=\int_2^{1}\left(40+12t-\frac{3}{2}t^2\right)\mathrm{d}t=\left(40t+6t^2-\frac{1}{2}t^3\right)\Big|_2^{10}=400$(件).

例 2　某种产品每天生产 x 单位时的固定成本为 $C_0=80$(元)，边际成本为 $C'(x)=0.6x+20$(元/单位)，边际收益为 $R'(x)=32$(元/单位). 求：

(1)每天生产多少单位利润最大？最大利润是多少？

(2)在利润最大时，若多生产 10 个单位的产品，总利润有何变化？

解　(1)由利润最大原则可知当 $R'(x)=C'(x)$时，即 $32=0.6x+20$，$x=20$ 时利润最大，最大利润为

$$L(20)=\int_0^{20}[R'(x)-C'(x)]\mathrm{d}x-C_0=\int_0^{20}[32-0.6x-20]\mathrm{d}x-80=40(\text{元}).$$

(2)$\Delta L=\int_{20}^{30}[R'(x)-C'(x)]\mathrm{d}x=(12x-0.3x^2)\Big|_{20}^{30}=-30$(元).

这说明在最大利润时的产量 20 单位的基础上再多生产 10 个单位的产品，利润将减少 30 元.

6.7.3　实训

实训 1　基础知识实训

实训目的：通过该实训加深学生对定积分在经济上应用的理解.

实训内容：

1. 已知某种产品生产 x 单位时，总收益 R 的变化率为 $R'(x)=200-\frac{x}{100}(x\geqslant 0)$. 求

(1)生产了 50 个单位时的总收益；

(2)如果生产了 50 个单位再生产 50 个单位时的总收益.

2. 已知某产品的边际成本和边际收入分别为

$$C'(x)=x^2-4x+6(x\geqslant 0),R'(x)=105-2x(x\geqslant 0),$$

且固定成本为 100，其中 x 为销售量，求总成本函数和总收入函数，并求出最大利润.

3.某商品一年的销售速度为 $v(t)=100+100\sin\left(2\pi t-\frac{\pi}{2}\right)$(单位:件/月;$0\leqslant t\leqslant 12$),求此产品前 3 个月的销售总量,并求 3 个月的平均销售量.

4.有一大型投资项目,投资成本为 $A=10\ 000$(万元),投资的年利率为 5%,每年的均匀收入率为 $a=1\ 000$(万元),求该投资为无限期时的纯收入的贴现值.

第7章　行列式与矩阵

7.1　行列式和线性方程组的行列式解法

7.1.1　知识点归纳与解析

理解行列式概念，牢记行列式性质，重点是计算行列式特别是三四阶行列式和规律性强的 n 阶行列式.

行列式的相关概念：n 阶行列式、元素、主对角线、次对角线、余子式、代数余子式、上三角行列式、下三角行列式、转置行列式.

行列式的计算公式，行列式的性质，克拉默法则。

7.1.2　题型分析与举例

1. 如何求行列式是线性代数中的一个基本问题. 随着行列式阶数的增高，往往求解会变得越来越困难，因此恰当利用行列式性质进行简化是必要的.

2. 行列式的一个重要应用在于求解线性方程组.

例 1　计算 n 阶行列式 $D_n=\begin{vmatrix} x_1+3 & x_2 & \cdots & x_n \\ x_1 & x_2+3 & \cdots & x_n \\ \vdots & \vdots & & \vdots \\ x_1 & x_2 & \cdots & x_n+3 \end{vmatrix}$.

分析　在求解行列式之前，要观察行列式特点[如行(列)和相等]，根据题目特点选择将其三角化、多化零、展开降阶或套用公式等方法.

解　把各列加到第一列，然后提取第一列的公因子$\left(\sum\limits_{i=1}^{n} x_i+3\right)$，再通过行列式的变换化为上三角形行列式，有

$$D_n=\left(\sum_{i=1}^{n} x_i+3\right)\begin{vmatrix} 1 & x_2 & \cdots & x_n \\ 1 & x_2+3 & \cdots & x_n \\ \vdots & \vdots & & \vdots \\ 1 & x_2 & \cdots & x_n+3 \end{vmatrix}=\left(\sum_{i=1}^{n} x_i+3\right)\begin{vmatrix} 1 & x_2 & \cdots & x_n \\ 0 & 3 & \cdots & 0 \\ \vdots & \vdots & & \vdots \\ 0 & 0 & \cdots & 3 \end{vmatrix}=3^{n-1}\left(\sum_{i=1}^{n} x_i+3\right).$$

例 2　解线性方程组$\begin{cases} x+2y-z+3w=2, \\ 3y-z+w=6, \\ 2x-y+3z-2w=7, \\ x-y+z+4w=-4. \end{cases}$

解　计算行列式得，$D=39, D_1=39, D_2=3\times 39, D_3=2\times 39, D_4=-39$.

由克拉默法则得 $x=\dfrac{D_1}{D}=1, y=\dfrac{D_2}{D}=3, z=\dfrac{D_3}{D}=2, w=\dfrac{D_4}{D}=-1$.

7.1.3 实训

实训1 基础知识实训

实训目的:通过该实训,加深学生对行列式的基本概念及其常用性质的理解.

实训内容:

1.已知$\begin{vmatrix} 3 & 0 & 4 & 0 \\ 2 & 2 & 2 & 2 \\ 0 & -7 & 0 & 0 \\ 5 & 3 & -2 & 2 \end{vmatrix}$,则 a_{32} 的代数余子式为(　　).

(A)$\begin{vmatrix} 3 & 4 & 0 \\ 2 & 2 & 2 \\ 5 & -2 & 2 \end{vmatrix}$　(B)$-\begin{vmatrix} 3 & 4 & 0 \\ 2 & 2 & 2 \\ 5 & -2 & 2 \end{vmatrix}$　(C)$\begin{vmatrix} 3 & 0 & 4 \\ 2 & 2 & 2 \\ 5 & 3 & -2 \end{vmatrix}$　(D)$\begin{vmatrix} 0 & 4 & 0 \\ 2 & 2 & 2 \\ 3 & -2 & 2 \end{vmatrix}$

2.行列式$\begin{vmatrix} 0 & 0 & 0 & 1 \\ 0 & 0 & 2 & 0 \\ 0 & 3 & 0 & 0 \\ 4 & 0 & 0 & 0 \end{vmatrix}=$________

3.二阶行列式$\begin{vmatrix} k-1 & 2 \\ 2 & k-1 \end{vmatrix}\neq 0$的充分必要条件是(　　).

(A)$k\neq -1$　(B)$k\neq 3$　(C)$k\neq -1$ 且 $k\neq 3$　(D)$k\neq -1$ 或$\neq 3$

4.已知行列式 $D=\begin{vmatrix} 3 & 0 & 4 & 0 \\ 2 & 2 & 2 & 2 \\ 0 & -7 & 0 & 0 \\ 5 & 3 & -12 & 134 \end{vmatrix}$.求(1)第4行元素的余子式之和;(2)第4行元素的代数余子式之和.

5.简述克拉默法则.

实训2 基本能力实训

实训目的:通过该实训,加深学生对行列式的理解,使学生进一步掌握求解行列式的方法以及使用行列式求解方程组的方法.

实训内容:

1.计算下列行列式.

(1) $\begin{vmatrix} 2 & -3 & 1 \\ 2 & 4 & -3 \\ 1 & 0 & 5 \end{vmatrix}$；

(2) $\begin{vmatrix} 2 & 1 & 5 \\ 1 & 3 & -2 \\ 3 & -1 & 6 \end{vmatrix}$；

(3) $\begin{vmatrix} 0 & -a & b \\ a & 0 & -c \\ -b & c & 0 \end{vmatrix}$；

(4) $\begin{vmatrix} 1 & -c & -b \\ c & 1 & -a \\ b & a & 1 \end{vmatrix}$.

2.用克拉默法则求解线性方程组$\begin{cases} 4x-y-2z=4, \\ 2x+y-4z=8, \\ x+2y+z=1. \end{cases}$

实训3　能力提高与应用实训

实训目的:该实训进一步强化学生求行列式的技巧;加强学生对行列式性质和克拉默法则的理解与掌握.

实训内容:

1.计算下列行列式.

(1) $\begin{vmatrix} -1 & \frac{1}{2} & 0 & 1 \\ -\frac{1}{3} & 0 & 2 & 1 \\ \frac{1}{3} & 0 & \frac{1}{3} & \frac{1}{2} \\ -1 & -1 & 0 & \frac{1}{2} \end{vmatrix}$;

(2) $\begin{vmatrix} 3 & 1 & -1 & 2 \\ -5 & 1 & 3 & -4 \\ 2 & 0 & 1 & -1 \\ 1 & -5 & 3 & -3 \end{vmatrix}$;

(3) $\begin{vmatrix} 246 & 1\,014 & -342 \\ 427 & 543 & 721 \\ 327 & 443 & 621 \end{vmatrix}$;

(4) $\begin{vmatrix} a & 0 & 0 & \cdots & 0 & 1 \\ 0 & a & 0 & \cdots & 0 & 0 \\ \vdots & \vdots & \vdots & & \vdots & \vdots \\ 0 & 0 & 0 & \cdots & a & 0 \\ 1 & 0 & 0 & \cdots & 0 & a \end{vmatrix}$

2. 用克拉默法则求解线性方程组 $\begin{cases} 2x+y-5z+w=8, \\ x-3y-6w=9, \\ 2y-z+2w=-5, \\ x+4y-7z+6w=0. \end{cases}$

3. k 为何值时，方程组 $\begin{cases} 3x+2y-z=0 \\ kx-7y-2z=0 \\ 2x-y+3z=0 \end{cases}$ 只有零解？

7.2 矩阵及其运算

7.2.1 知识点归纳与解析

矩阵的概念和表示符号.

几种常用的特殊矩阵:零矩阵、n 阶方阵、单位矩阵、行矩阵及列矩阵、对角矩阵、数量矩阵、上(下)三角矩阵、可交换矩阵、对称矩阵、反对称矩阵.

矩阵的线性运算:矩阵相等、矩阵的加减法、矩阵的数乘.

矩阵的乘法、矩阵的转置及其性质、方阵的行列式及其性质.

7.2.2 题型分析与举例

本节主要要求学生掌握矩阵的加减、数乘以及矩阵之间的乘法运算.并要注意:只有同型矩阵才能进行加减法的运算;两矩阵相乘时,前面矩阵的列数必须与后面矩阵的行数一致;矩阵乘法一般情况下不符合交换律;要熟悉矩阵的转置.

例 1 设矩阵 $\boldsymbol{X}$ 满足 $\boldsymbol{X}-2\boldsymbol{A}=\boldsymbol{B}-\boldsymbol{X}$,其中 $\boldsymbol{A}=\begin{pmatrix}2&-1\\-1&2\end{pmatrix}$,$\boldsymbol{B}=\begin{pmatrix}0&-2\\-2&0\end{pmatrix}$,求 $\boldsymbol{X}$.

解 设 $\boldsymbol{X}=\begin{pmatrix}x_1&x_2\\x_3&x_4\end{pmatrix}$,则

$$\boldsymbol{X}-2\boldsymbol{A}=\begin{pmatrix}x_1-4&x_2+2\\x_3+2&x_4-4\end{pmatrix},\ \boldsymbol{B}-\boldsymbol{X}=\begin{pmatrix}-x_1&-2-x_2\\-2-x_3&-x_4\end{pmatrix}.$$

利用矩阵相等的定义可得:$\boldsymbol{X}=\begin{pmatrix}2&-2\\-2&2\end{pmatrix}$.

例 2 某石油公司所属的三个炼油厂 A_1,A_2,A_3 在 1997 年和 1998 年生产的 4 种油品 B_1,B_2,B_3,B_4 的产量如表 7-1 所示(单位:万 t).

表 7-1

炼油厂 \ 产量 \ 油品	2010 年				2011 年			
	B_1	B_2	B_3	B_4	B_1	B_2	B_3	B_4
A_1	58	27	15	4	63	25	13	5
A_2	72	30	18	5	90	30	20	7
A_3	65	25	14	3	80	28	18	5

(1)作矩阵 $\boldsymbol{A}_{3\times4}$ 和 $\boldsymbol{B}_{3\times4}$ 分别表示三个炼油厂 2010 年和 2011 年各种油品的产量;

(2)计算 $\boldsymbol{A}+\boldsymbol{B}$ 与 $\boldsymbol{B}-\boldsymbol{A}$,并说明其经济意义;

(3)计算 $\frac{1}{2}(\boldsymbol{A}+\boldsymbol{B})$,并说明其经济意义.

解 (1)$\boldsymbol{A}=\begin{pmatrix}58&27&15&4\\72&30&18&5\\65&25&14&3\end{pmatrix}$, $\boldsymbol{B}=\begin{pmatrix}63&25&13&5\\90&30&20&7\\80&28&18&5\end{pmatrix}$.

(2)$\boldsymbol{A}+\boldsymbol{B}=\begin{pmatrix}121 & 52 & 28 & 9\\162 & 60 & 38 & 12\\145 & 53 & 32 & 8\end{pmatrix}$,表示三个炼油厂2010年和2011年两年各种油品产量的和.

$\boldsymbol{B}-\boldsymbol{A}=\begin{pmatrix}5 & -2 & -2 & 1\\18 & 0 & 2 & 2\\15 & 3 & 4 & 2\end{pmatrix}$,表示三个炼油厂在2010年和2011年两年之间各种油品产量的变化量.

(3)$\frac{1}{2}(\boldsymbol{A}+\boldsymbol{B})=\begin{pmatrix}60.5 & 26 & 14 & 4.5\\81 & 30 & 19 & 6\\72.5 & 26.5 & 16 & 4\end{pmatrix}$,表示三个炼油厂在2010年和2011年两年各种油品的平均产量.

例3 计算矩阵的乘积$(1\quad -1\quad 2)\begin{pmatrix}-1 & 2 & 0\\0 & 1 & 1\\3 & 0 & -1\end{pmatrix}\begin{pmatrix}2\\-1\\-2\end{pmatrix}$.

解 $(1\quad -1\quad 2)\begin{pmatrix}-1 & 2 & 0\\0 & 1 & 1\\3 & 0 & -1\end{pmatrix}\begin{pmatrix}2\\-1\\-2\end{pmatrix}=(5\quad 1\quad -3)\begin{pmatrix}2\\-1\\-2\end{pmatrix}=15.$

7.2.3 实训

实训1 基础知识实训

实训目的:通过该实训,加深学生对矩阵的线性运算和矩阵乘法运算的理解和掌握.

实训内容:

1.已知矩阵$\boldsymbol{X}=[4,0,1]$,$\boldsymbol{Y}=[1,2,3]$,$\boldsymbol{Z}=[1,1,1]^{\mathrm{T}}$,$\boldsymbol{E}=[1,0,0]^{\mathrm{T}}$,则下列运算正确的是( ).

(A)$\boldsymbol{XY}=[7]$　　(B)$\boldsymbol{XE}=[4]$　　(C)$\boldsymbol{EY}=[1,0,0]^{\mathrm{T}}$　　(D)$\boldsymbol{X}+\boldsymbol{Z}=[5,1,2]^{\mathrm{T}}$

2.下列选项中,关于矩阵的运算说法正确的是( ).

(A)$(\boldsymbol{A}^{\mathrm{T}})^{\mathrm{T}}=-\boldsymbol{A}$　　(B)$(\boldsymbol{A}^{\mathrm{T}})^{\mathrm{T}}=\boldsymbol{A}$　　(C)$\boldsymbol{AB}=\boldsymbol{BA}$　　(D)$(\boldsymbol{AB})^{\mathrm{T}}=-\boldsymbol{B}^{\mathrm{T}}\boldsymbol{A}^{\mathrm{T}}$

3.已知$\boldsymbol{\alpha}=(1,2,3,)$,$\boldsymbol{\beta}=\left(1,\frac{1}{2},\frac{1}{3}\right)$.矩阵$\boldsymbol{A}=\boldsymbol{\alpha\beta}^{\mathrm{T}}$,则$\boldsymbol{A}=$______.

4.$\boldsymbol{A}=\begin{pmatrix}2 & 0 & -1\\3 & 1 & -2\end{pmatrix}$,$\boldsymbol{B}=\begin{pmatrix}-1 & 1 & 2\\-2 & 1 & 5\end{pmatrix}$.

求$\boldsymbol{A}+\boldsymbol{B}$,$\boldsymbol{A}-\boldsymbol{B}$,$2\boldsymbol{A}-3\boldsymbol{B}$.

实训2 基本能力实训

实训目的：该实训旨在加强学生对矩阵乘法及其相关运算的熟练掌握.

实训内容：

1.计算下列矩阵的乘积：

(1) $\begin{pmatrix}3 & -2 & 1\\ 1 & -1 & 2\end{pmatrix}\begin{pmatrix}-1 & 5\\ -2 & 4\\ 3 & -1\end{pmatrix}$；

(2) $\begin{pmatrix}1 & 1\\ 0 & 0\end{pmatrix}\begin{pmatrix}0 & 2\\ 0 & 3\end{pmatrix}$；

(3) $\begin{pmatrix}0 & 2\\ 0 & 3\end{pmatrix}\begin{pmatrix}1 & 1\\ 0 & 0\end{pmatrix}$；

(4) $\begin{pmatrix}1\\ 2\\ 3\end{pmatrix}\begin{pmatrix}1 & 2 & 3\end{pmatrix}$；

(5) $\begin{pmatrix}1 & 2 & 3\end{pmatrix}\begin{pmatrix}1\\ 2\\ 3\end{pmatrix}$；

(6) $\begin{pmatrix}4 & 0 & -1 & 6\\ -1 & 2 & 5 & 3\\ 3 & 7 & 1 & -2\end{pmatrix}\begin{pmatrix}5 & -1\\ 2 & 0\\ -4 & 7\\ 1 & 3\end{pmatrix}$；

2.如果 $f(x)=x^2-x+1$，$\mathbf{A}=\begin{pmatrix}2 & 1 & 1\\ 3 & 1 & 2\\ 1 & -1 & 0\end{pmatrix}$，求 $f(\mathbf{A})$.

实训 3　能力提高与应用实训

实训目的：通过该实训进一步加深学生矩阵运算的熟练程度，提高综合解题技巧的能力.

实训内容：

1. 计算（其中 n 为正整数）

(1) $\begin{pmatrix} 1 & 1 \\ -1 & -1 \end{pmatrix}^3$；　　(2) $\begin{pmatrix} 1 & 3 \\ 0 & 1 \end{pmatrix}^n$；

(3) $\begin{pmatrix} a & 0 & 0 \\ 0 & b & 0 \\ 0 & 0 & c \end{pmatrix}^n$；　　(4) $\begin{pmatrix} 0 & 1 & 0 & 0 \\ 0 & 0 & 1 & 0 \\ 0 & 0 & 0 & 1 \\ 0 & 0 & 0 & 0 \end{pmatrix}^n$；

2. 设某港口在某月份出口到 3 个地区的两种货物 A_1，A_2 的数量以及它们一单位的价格、重量和体积如表 7-2：

表 7-2

货物 \ 出口量 \ 地区	北美	欧洲	非洲	单位价格/万元	单位重量/t	单位体积/m^3
A_2	2 000	1 000	800	0.2	0.011	0.12
A_2	1 200	1 300	500	0.35	0.05	0.5

试利用矩阵乘法计算：

(1)经该港口出口到 3 个地区的货物价值、重量、体积分别各为多少？

(2)经该港口出口的货物总价值、总重量、总体积为多少？

7.3 矩阵的秩

7.3.1 知识点归纳与解析

1.矩阵的初等变换

矩阵的初等变换包括对称变换、倍乘变换、倍加变换.

初等变换是线性代数的重要基本功之一,必须熟悉它的概念、性质与作用.利用初等变换可以

(1)求矩阵秩、向量组秩和判定向量组的线性相关性(向量部分详见第8章);

(2)求向量组最大无关组及向量用最大无关组线性表示式(详见第8章);

(3)求解线性方程组(基础解系,通解)(详见第8章);

(4)求逆矩阵(详见本章第4节);

(5)解矩阵方程(详见本章第4节).

2.阶梯形矩阵和简化阶梯形矩阵

3.矩阵的秩及其相关概念

包括 k 阶子式、矩阵 $\boldsymbol{A}$ 的秩、满秩矩阵、降秩矩阵.

7.3.2 题型分析与举例

秩是反映矩阵本质的一个数,对向量组线性相关性、方程组相容性有着深刻影响,它内涵丰富,应用广泛,解决问题简洁明了.

例1 求矩阵的秩$\begin{pmatrix}1&1&1&1&1\\2&0&-3&2&1\\1&3&6&1&2\\4&2&6&4&3\end{pmatrix}$.

解 利用矩阵的初等行变换将矩阵化为阶梯形矩阵

$$\begin{pmatrix}1&1&1&1&1\\2&0&-3&2&1\\1&3&6&1&2\\4&2&6&4&3\end{pmatrix}\to\begin{pmatrix}1&1&1&1&1\\0&-2&-5&0&-1\\0&0&7&0&0\\0&0&0&0&0\end{pmatrix},$$

所以,此矩阵的秩为3.

例2 用消元法解线性方程组$\begin{cases}x_1-x_2+2x_3=1,\\x_1-2x_2-x_3=2,\\3x_1-2x_2+5x_3=3,\\-x_1+2x_3=-2.\end{cases}$

解 设方程组的增广矩阵为$\bar{\boldsymbol{A}}$,对$\bar{\boldsymbol{A}}$进行初等变换.

$$\bar{\boldsymbol{A}}=\begin{pmatrix}1&-1&2&1\\1&-2&-1&2\\3&-1&5&3\\-1&0&2&-2\end{pmatrix}\to\begin{pmatrix}1&-1&2&1\\0&-1&-3&1\\0&2&-1&0\\0&-1&4&-1\end{pmatrix}$$

$$\to\begin{pmatrix}1&-1&2&1\\0&1&3&-1\\0&0&-7&2\\0&0&7&-2\end{pmatrix}\to\begin{pmatrix}1&-1&2&1\\0&1&3&-1\\0&0&7&-2\\0&0&0&0\end{pmatrix}.$$

所以与原方程组等价的方程组为 $\begin{cases}x_1-x_2+2x_3=1,\\x_2+3x_3=-1,\\7x_3=-2.\end{cases}$

于是原方程组的解为 $x_1=\dfrac{10}{7},x_2=-\dfrac{1}{7},x_3=-\dfrac{2}{7}.$

7.3.3　实训

实训 1　基础知识实训

实训目的：通过该实训加深对矩阵秩以及矩阵初等行变换的理解与掌握.

实训内容：

1. 填空

(1) $r(\boldsymbol{A})\geqslant r\Leftrightarrow\boldsymbol{A}$ 中至少有一个 r 阶__________；

(2) $r(\boldsymbol{A})\leqslant r\Leftrightarrow\boldsymbol{A}$ 中所有________阶子式全为零；

(3) $r(\boldsymbol{A})=r\Leftrightarrow\boldsymbol{A}$ 中至少有一个 r 阶非零子式，且所有 $r+1$ 阶子式________.

(4)“$\boldsymbol{A}$ 有一个 r 阶子式等于零”是无用信息；而“$\boldsymbol{A}$ 有一个 r 阶子式不等于零”则提供了有用信息：$r(\boldsymbol{A})$____r.

2. 化矩阵 $\boldsymbol{A}=\begin{pmatrix}1&0&1\\2&1&0\\-3&2&-5\end{pmatrix}$ 为阶梯形矩阵矩阵.

3. 已知矩阵 $\begin{pmatrix}0&2&-4\\-1&-4&5\\3&1&7\\0&5&-10\\2&3&0\end{pmatrix}$，对其作初等行变换，化为简化阶梯形矩阵.

4. 求矩阵的秩 $\begin{pmatrix} 2 & 1 \\ 4 & 2 \end{pmatrix}$.

实训 2　基本能力实训

实训目的：通过本实训，使学生进一步掌握矩阵秩的求法，并且学会用消元法求解线性方程组.

实训内容：

1. 求下列矩阵的秩.

(1) $\begin{pmatrix} 1 & 2 & 3 \\ 2 & 3 & 1 \\ 3 & 2 & 1 \end{pmatrix}$；　　(2) $\begin{pmatrix} 2 & -1 & 1 \\ 4 & -2 & 2 \\ 6 & -3 & 3 \end{pmatrix}$；

(3) $\begin{pmatrix} 2 & 3 \\ 1 & -1 \\ -1 & 2 \end{pmatrix}$.

2. 求解线性方程组 $\begin{cases} x_1 - 2x_2 + x_3 = -2, \\ 2x_1 + x_2 - 3x_3 = 1, \\ -x_1 + x_2 - x_3 = 0. \end{cases}$

3. 求解线性方程组 $\begin{cases} 2x_1+x_2-5x_3+x_4=8, \\ x_1-3x_2-6x_4=9, \\ 2x_2-x_3+2x_4=-5, \\ x_1+4x_2-7x_3+6x_4=0. \end{cases}$

实训 3　能力提高与应用实训

实训目的：通过该实训，进一步提高求矩阵秩的技巧，进一步理解方程组解的判断方法.

实训内容：

1. 求矩阵的秩 $\begin{pmatrix} 2 & -1 & 2 & 1 & 1 \\ 1 & 1 & -1 & 0 & 2 \\ 2 & 5 & -4 & -2 & 9 \\ 3 & 3 & -1 & -1 & 8 \end{pmatrix}$

2. 当 k 为何值时，齐次线性方程组 $\begin{cases} 2x_1-x_2+3x_3=0, \\ 3x_1-4x_2+7x_3=0, \\ -x_1+2x_2+kx_3=0. \end{cases}$ 有非零解？并求出此非零解.

7.4 逆矩阵

7.4.1 知识点归纳与解析

1. 矩阵方程.

矩阵运算中没有除法运算，乘法的逆运算是通过矩阵方程实现的.

2. 可逆矩阵及其判别方法.

3. 逆矩阵的计算和伴随矩阵.

逆矩阵的计算有两种方法：(1)初等变换法；(2)伴随矩阵法.

伴随矩阵法的计算量要大得多，除非 $n=2$，一般不用它来求逆矩阵.

7.4.2 题型分析与举例

例 1 判断矩阵 $\begin{pmatrix}1 & 0 & 0\\ 1 & 2 & 0\\ 1 & 2 & 3\end{pmatrix}$ 是否可逆，若可逆，利用伴随矩阵求其逆矩阵.

解 令所给的矩阵为 $\boldsymbol{A}$，因为 $|\boldsymbol{A}|=6$，不为零，所以此矩阵可逆.

其伴随矩阵为 $\boldsymbol{A}^*=\begin{pmatrix}6 & 0 & 0\\ -3 & 3 & 0\\ 0 & -2 & 2\end{pmatrix}$，所以其逆矩阵为 $\boldsymbol{A}^{-1}=\begin{pmatrix}1 & 0 & 0\\ -\frac{1}{2} & \frac{1}{2} & 0\\ 0 & -\frac{1}{3} & \frac{1}{3}\end{pmatrix}$.

例 2 利用行初等变换法求矩阵 $\begin{pmatrix}2 & 2 & -3\\ 1 & -1 & 0\\ -1 & 2 & 1\end{pmatrix}$ 的逆矩阵.

解 $\begin{pmatrix}2 & 2 & -3 & 1 & 0 & 0\\ 1 & -1 & 0 & 0 & 1 & 0\\ -1 & 2 & 1 & 0 & 0 & 1\end{pmatrix}\to\begin{pmatrix}1 & -1 & 0 & 0 & 1 & 0\\ 2 & 2 & -3 & 1 & 0 & 0\\ -1 & 2 & 1 & 0 & 0 & 1\end{pmatrix}$

$\to\begin{pmatrix}1 & -1 & 0 & 0 & 1 & 0\\ 0 & 4 & -3 & 1 & -2 & 0\\ 0 & 1 & 1 & 0 & 1 & 1\end{pmatrix}\to\begin{pmatrix}1 & -1 & 0 & 9 & 1 & 0\\ 0 & 4 & -3 & 1 & -2 & 0\\ 0 & 0 & \frac{7}{4} & -\frac{1}{4} & \frac{3}{2} & 1\end{pmatrix}$

$\to\begin{pmatrix}1 & 0 & 0 & \frac{1}{7} & \frac{8}{7} & \frac{3}{7}\\ 0 & 1 & 0 & \frac{1}{7} & \frac{1}{7} & \frac{3}{7}\\ 0 & 0 & 1 & -\frac{1}{7} & \frac{6}{7} & \frac{4}{7}\end{pmatrix}$，

所以，其逆矩阵为 $\begin{pmatrix} \frac{1}{7} & \frac{8}{7} & \frac{3}{7} \\ \frac{1}{7} & \frac{1}{7} & \frac{3}{7} \\ -\frac{1}{7} & \frac{6}{7} & \frac{4}{7} \end{pmatrix}$.

7.4.3　实训

实训 1　基础知识实训

实训目的：通过该实训，加深学生对逆矩阵及其求法的理解与掌握.

实训内容：

1. 设 $\boldsymbol{A}$、$\boldsymbol{B}$ 均为 n 阶可逆矩阵，则下列各式中有哪些一定成立？为什么？

(1) $[(\boldsymbol{A}^{-1})^{-1}]^{\mathrm{T}}=[(\boldsymbol{A}^{\mathrm{T}})^{-1}]^{-1}$；

(2) $[(\boldsymbol{A}^{\mathrm{T}})^{\mathrm{T}}]^{-1}=[(\boldsymbol{A}^{-1})^{-1}]^{\mathrm{T}}$；

(3) $(\boldsymbol{A}^{k})^{-1}=(\boldsymbol{A}^{-1})^{k}$　（k 为正整数）；

(4) $(k\boldsymbol{A})^{-1}=k^{-1}\boldsymbol{A}^{-1}$　（k 为正整数）；

(5) $|\boldsymbol{A}^{-1}|=(|\boldsymbol{A}|)^{-1}$；

(6) $(\boldsymbol{A}+\boldsymbol{B})^{-1}=\boldsymbol{A}^{-1}+\boldsymbol{B}^{-1}$；

(7) $[(\boldsymbol{AB})^{\mathrm{T}}]^{-1}=(\boldsymbol{A}^{-1})^{\mathrm{T}}(\boldsymbol{B}^{-1})^{\mathrm{T}}$.

2. 判断下列矩阵是否可逆，若可逆，利用伴随矩阵求其逆矩阵.

(1) $\begin{pmatrix} 5 & 4 \\ 3 & 2 \end{pmatrix}$；　　(2) $\begin{pmatrix} 1 & -3 \\ -2 & 6 \end{pmatrix}$；

(3) $\begin{pmatrix} 0 & 2 & -1 \\ 1 & -1 & 1 \\ 3 & -1 & 2 \end{pmatrix}$；

3. 利用行初等变换法求矩阵$\begin{pmatrix}1&0&0\\1&2&0\\1&2&3\end{pmatrix}$的逆矩阵.

实训 2　基本能力实训

实训目的:该实训旨在强化学生对求逆矩阵方法的掌握.

实训内容:

1. 求解下列矩阵方程

(1) $\begin{pmatrix}3&5\\1&2\end{pmatrix}\boldsymbol{X}=\begin{pmatrix}4&-1&2\\3&0&-1\end{pmatrix}$;

(2) $\begin{pmatrix}2&1\\-2&3\end{pmatrix}\boldsymbol{X}\begin{pmatrix}-2&-1\\1&1\end{pmatrix}=\begin{pmatrix}-2&3\\-6&1\end{pmatrix}$.

实训 3　能力提高与应用实训

实训目的:该实训进一步强化求逆矩阵的方法.

实训内容:

1. 利用行初等变换法求下列矩阵的逆矩阵.

(1) $\begin{pmatrix}0&0&0&1\\0&0&1&1\\0&1&1&1\\1&1&1&1\end{pmatrix}$;

(2) $\begin{pmatrix}5&2&0&0\\2&1&0&0\\0&0&1&-2\\0&0&1&1\end{pmatrix}$;

2. 求解下列矩阵方程.

(1)$\boldsymbol{X}\begin{pmatrix}1&0&5\\1&1&2\\1&2&5\end{pmatrix}=\begin{pmatrix}1&1&2\\0&0&-6\end{pmatrix}$;

(2)$\boldsymbol{AX}+\boldsymbol{B}=\boldsymbol{X}$,其中 $\boldsymbol{A}=\begin{pmatrix}0&1&0\\-1&1&1\\-1&0&-1\end{pmatrix}$,$\boldsymbol{B}=\begin{pmatrix}1&-1\\2&0\\5&-3\end{pmatrix}$.

7.5　矩阵的分块

7.5.1　知识点归纳与解析

分块矩阵的运算规则:线性运算,乘法运算,转置运算,分块对角矩阵及其性质.

7.5.2　题型分析与举例

例 1　已知矩阵 $\boldsymbol{A}=\begin{pmatrix}\boldsymbol{E}_2&\boldsymbol{O}\\\boldsymbol{A}_{21}&\boldsymbol{A}_{22}\end{pmatrix}$,$\boldsymbol{B}=\begin{pmatrix}\boldsymbol{B}_{11}&\boldsymbol{B}_{12}\\\boldsymbol{E}_2&\boldsymbol{B}_{22}\end{pmatrix}$,利用分块矩阵的乘法,计算 $\boldsymbol{AB}$.

其中 $\boldsymbol{A}_{21}=\begin{pmatrix}2&0\\-1&1\end{pmatrix}$,$\boldsymbol{A}_{22}=\begin{pmatrix}1&1\\0&1\end{pmatrix}$,$\boldsymbol{B}_{11}=\begin{pmatrix}3&-2\\-2&1\end{pmatrix}$,$\boldsymbol{B}_{12}=\begin{pmatrix}5\\3\end{pmatrix}$,$\boldsymbol{B}_{22}=\begin{pmatrix}-2\\1\end{pmatrix}$.

解　$\boldsymbol{AB}=\begin{pmatrix}\boldsymbol{E}_2&\boldsymbol{O}\\\boldsymbol{A}_{21}&\boldsymbol{A}_{22}\end{pmatrix}\begin{pmatrix}\boldsymbol{B}_{11}&\boldsymbol{B}_{12}\\\boldsymbol{E}_2&\boldsymbol{B}_{22}\end{pmatrix}=\begin{pmatrix}\boldsymbol{E}_2\boldsymbol{B}_{11}&\boldsymbol{E}_2\boldsymbol{B}_{12}\\\boldsymbol{A}_{21}\boldsymbol{B}_{11}+\boldsymbol{A}_{22}\boldsymbol{E}_2&\boldsymbol{A}_{21}\boldsymbol{B}_{12}+\boldsymbol{A}_{22}\boldsymbol{B}_{22}\end{pmatrix}$,

其中,$\boldsymbol{E}_2\boldsymbol{B}_{11}=\boldsymbol{B}_{11}$,$\boldsymbol{E}_2\boldsymbol{B}_{12}=\boldsymbol{B}_{12}$,$\boldsymbol{A}_{22}\boldsymbol{E}_2=\boldsymbol{A}_{22}$,$\boldsymbol{A}_{21}\boldsymbol{B}_{11}=\begin{pmatrix}2&0\\-1&1\end{pmatrix}\begin{pmatrix}3&-2\\-2&1\end{pmatrix}=\begin{pmatrix}6&-4\\-5&3\end{pmatrix}$,

$$\boldsymbol{A}_{21}\boldsymbol{B}_{12}=\begin{pmatrix}2&0\\-1&1\end{pmatrix}\begin{pmatrix}5\\3\end{pmatrix}=\begin{pmatrix}10\\-2\end{pmatrix},\ \boldsymbol{A}_{22}\boldsymbol{B}_{22}=\begin{pmatrix}1&1\\0&1\end{pmatrix}\begin{pmatrix}-2\\1\end{pmatrix}=\begin{pmatrix}-1\\1\end{pmatrix},$$

所以,$\boldsymbol{AB}=\begin{pmatrix}3&-2&5\\-2&1&3\\7&-3&9\\-5&4&-1\end{pmatrix}$.

例 2 求如下分块矩阵的逆矩阵：

$$\boldsymbol{A}=\begin{pmatrix}\boldsymbol{A}_{11} & \boldsymbol{O}\\ \boldsymbol{O} & \boldsymbol{A}_{22}\end{pmatrix},\text{其中 }\boldsymbol{A}_{11}=\begin{pmatrix}2 & 1\\ 1 & 1\end{pmatrix},\boldsymbol{A}_{22}=\begin{pmatrix}2 & 5\\ 1 & 3\end{pmatrix}.$$

解 因为 $\boldsymbol{A}=\begin{pmatrix}\boldsymbol{A}_{11} & \boldsymbol{O}\\ \boldsymbol{O} & \boldsymbol{A}_{22}\end{pmatrix}$，所以，$\boldsymbol{A}^{-1}=\begin{pmatrix}\boldsymbol{A}_{11}{}^{-1} & \boldsymbol{O}\\ \boldsymbol{O} & \boldsymbol{A}_{22}{}^{-1}\end{pmatrix}$.

又因

$$\boldsymbol{A}_{11}^{-1}=\begin{pmatrix}1 & -1\\ -1 & 2\end{pmatrix},\boldsymbol{A}_{22}^{-1}=\begin{pmatrix}3 & -5\\ -1 & 2\end{pmatrix},$$

因此

$$\boldsymbol{A}^{-1}=\begin{pmatrix}1 & -1 & 0 & 0\\ -1 & 2 & 0 & 0\\ 0 & 0 & 3 & -5\\ 0 & 0 & -1 & 2\end{pmatrix}.$$

7.5.3 实训

实训 1 基础知识实训

实训目的：通过本实训，加深学生对矩阵分块的理解；加强学生对分块矩阵线性运算方法的掌握.

实训内容：

1. 设 $\boldsymbol{A}$ 是 3 阶矩阵，且 $|\boldsymbol{A}|=-2$，若将 $\boldsymbol{A}$ 按列分块 $\boldsymbol{A}=(\boldsymbol{A}_1,\boldsymbol{A}_2,\boldsymbol{A}_3)$，其中 $\boldsymbol{A}_j$ 为 $\boldsymbol{A}$ 的第 j 列（$j=1,2,3$），求下列行列式：

(1) $|\boldsymbol{A}_1,2\boldsymbol{A}_3,\boldsymbol{A}_2|$；

(2) $|\boldsymbol{A}_3-2\boldsymbol{A}_1,3\boldsymbol{A}_2,\boldsymbol{A}_1|$.

2. 设矩阵 $\boldsymbol{A}=\begin{pmatrix}1 & 0 & 1 & 3\\ 0 & 1 & 2 & 4\\ 0 & 0 & -1 & 0\\ 0 & 0 & 0 & -1\end{pmatrix}$，$\boldsymbol{B}=\begin{pmatrix}1 & 2 & 0 & 0\\ 2 & 0 & 0 & 0\\ 6 & 3 & 1 & 0\\ 0 & -2 & 0 & 1\end{pmatrix}$，用分块矩阵计算 $k\boldsymbol{A}$，$\boldsymbol{A}+\boldsymbol{B}$.

实训2 基本能力实训

实训目的：该实训进一步强化学生对矩阵分块的理解，掌握矩阵分块的乘法和求逆运算.

实训内容：

1. 已知矩阵 $\boldsymbol{A}=\begin{pmatrix}\boldsymbol{A}_1\\\boldsymbol{A}_2\\\boldsymbol{A}_3\end{pmatrix}$，$\boldsymbol{B}=(\boldsymbol{B}_1\quad\boldsymbol{B}_2\quad\boldsymbol{B}_3)$，利用分块矩阵的乘法，计算 $\boldsymbol{AB}$.

其中 $\boldsymbol{A}_1=(-2\quad -1\quad 2)$，$\boldsymbol{A}_2=(2\quad -2\quad 1)$，$\boldsymbol{A}_3=(1\quad 2\quad 2)$，$\boldsymbol{B}_1=\begin{pmatrix}-2\\-1\\2\end{pmatrix}$，$\boldsymbol{B}_2=\begin{pmatrix}2\\-2\\1\end{pmatrix}$，$\boldsymbol{B}_3=\begin{pmatrix}1\\2\\2\end{pmatrix}$.

2. 求如下分块矩阵的逆矩阵：

$\boldsymbol{A}=\begin{pmatrix}\boldsymbol{O} & \boldsymbol{A}_{12}\\\boldsymbol{A}_{21} & \boldsymbol{O}\end{pmatrix}$，其中 $\boldsymbol{A}_{12}=\begin{pmatrix}1 & 1\\2 & 1\end{pmatrix}$，$\boldsymbol{A}_{22}=\begin{pmatrix}1 & 3\\2 & 5\end{pmatrix}$.

实训3 能力提高与应用实训

实训目的：该实训进一步加强学生对于矩阵分块运算的理解与掌握.

实训内容：

1. 已知 $\boldsymbol{A}=\begin{pmatrix}a_{11} & a_{12} & a_{13}\\a_{21} & a_{22} & a_{23}\\a_{31} & a_{32} & a_{33}\end{pmatrix}$，$\boldsymbol{B}=\begin{pmatrix}a_{21} & a_{22} & a_{23}\\a_{11} & a_{12} & a_{13}\\a_{31}+a_{11} & a_{32}+a_{12} & a_{33}+a_{13}\end{pmatrix}$，$\boldsymbol{P}_1=\begin{pmatrix}0 & 1 & 0\\1 & 0 & 0\\0 & 0 & 1\end{pmatrix}$，$\boldsymbol{P}_2=\begin{pmatrix}1 & 0 & 0\\0 & 1 & 0\\1 & 0 & 1\end{pmatrix}$，则 $\boldsymbol{B}$ =（　　）.

(A) $\boldsymbol{AP}_1\boldsymbol{P}_2=\boldsymbol{B}$　　(B) $\boldsymbol{AP}_2\boldsymbol{P}_1=\boldsymbol{B}$　　(C) $\boldsymbol{P}_1\boldsymbol{P}_2\boldsymbol{A}=\boldsymbol{B}$　　(D) $\boldsymbol{P}_2\boldsymbol{P}_1\boldsymbol{A}=\boldsymbol{B}$

2.求如下分块矩阵的逆矩阵：

$$\boldsymbol{A}=\begin{pmatrix}\boldsymbol{A}_{11} & \boldsymbol{A}_{12}\\ \boldsymbol{O} & \boldsymbol{A}_{22}\end{pmatrix}\text{，其中 }\boldsymbol{A}_{11}=\begin{pmatrix}1 & -1 & 2\\ -2 & -1 & -2\\ 4 & 3 & 3\end{pmatrix},\boldsymbol{A}_{12}=\begin{pmatrix}-1\\ 1\\ 1\end{pmatrix},\boldsymbol{A}_{22}=2.$$

第8章　线性方程组

8.1　n 维向量

8.1.1　知识点归纳与解析

本节主要内容为 n 维向量基本概念、线性运算和线性组合、极大无关组、向量组线性相关性的判断定理.

8.1.2　题型分析与举例

例1　判定如下向量组是线性相关,还是线性无关:

$$\boldsymbol{\alpha}_1=(1,1,-1,1)^{\mathrm{T}},\boldsymbol{\alpha}_2=(1,-1,2,-1)^{\mathrm{T}},\boldsymbol{\alpha}_3=(3,1,0,1)^{\mathrm{T}}.$$

解　设 $\mathrm{k}_1\boldsymbol{\alpha}_1+k_2\boldsymbol{\alpha}_2+k_3\boldsymbol{\alpha}_3=\mathbf{0}$,则 k_1,k_2,k_3 是方程组$\begin{cases}k_1+k_2+3k_3=0,\\k_1-k_2+k_3=0,\\-k_1+2k_2+0k_3=0,\\k_1-k_2+k_3=0\end{cases}$ 的解.

设方程组的增广矩阵为 $\bar{\mathbf{A}}$,对 $\bar{\mathbf{A}}$ 进行初等变换

$$\bar{\mathbf{A}}=\begin{pmatrix}1&1&3&0\\1&-1&1&0\\-1&2&0&0\\1&-1&1&0\end{pmatrix}\rightarrow\begin{pmatrix}1&1&3&0\\0&-2&-2&0\\0&3&3&0\\0&-2&-2&0\end{pmatrix}\rightarrow\begin{pmatrix}1&1&3&0\\0&1&1&0\\0&0&0&0\\0&0&0&0\end{pmatrix},$$

由于方程组的系数矩阵的秩等于增广矩阵的秩且小于4,所以方程组有非零解,因此 $\boldsymbol{\alpha}_1,\boldsymbol{\alpha}_2,\boldsymbol{\alpha}_3$ 线性相关.

例2　设向量组 $\boldsymbol{\alpha}_1=(a,2,1)^{\mathrm{T}},\boldsymbol{\alpha}_2=(2,a,0,)^{\mathrm{T}},\boldsymbol{\alpha}_3=(1,-1,1)^{\mathrm{T}}$,试确定 a 为何值时,向量组线性相关.

解　设 $k_1\boldsymbol{\alpha}_1+k_2\boldsymbol{\alpha}_2+k_3\boldsymbol{\alpha}_3=\mathbf{0}$,则 k_1,k_2,k_3 是方程组 $\begin{cases}ak_1+2k_2+k_3=0,\\2k_1+ak_2-k_3=0,\\k_1+0k_2+k_3=0\end{cases}$ 的解.那么 $\boldsymbol{\alpha}_1,\boldsymbol{\alpha}_2,\boldsymbol{\alpha}_3$ 线性相关时,有 $|\mathbf{A}|=\begin{vmatrix}\boldsymbol{a}&2&1\\2&\boldsymbol{a}&-1\\1&0&1\end{vmatrix}=0$.即$(\boldsymbol{a}+2)(\boldsymbol{a}-3)=0$,由此得 $\boldsymbol{a}=-2$ 或 3 时 $\boldsymbol{\alpha}_1,\boldsymbol{\alpha}_2,\boldsymbol{\alpha}_3$ 线性相关.

8.1.3　实训

实训1　基础知识实训

实训目的:通过该实训,使学生掌握向量线性相关的基本定理和性质.

实训内容：

1. $\boldsymbol{\alpha}_1,\boldsymbol{\alpha}_2,\cdots,\boldsymbol{\alpha}_m$ 线性无关⇔若 $k_1\boldsymbol{\alpha}_1+k_2\boldsymbol{\alpha}_2+\cdots+k_m\boldsymbol{\alpha}_m=0$，则 $k_1=k_2=\cdots=k_m=$______.

2. $\boldsymbol{\alpha}_1,\boldsymbol{\alpha}_2,\cdots,\boldsymbol{\alpha}_m$ 相线相关⇔$\boldsymbol{\alpha}_1,\boldsymbol{\alpha}_2,\cdots,\boldsymbol{\alpha}_m$ 中至少有一个向量可由其余的向量______

3. 若 $\boldsymbol{\alpha}_1,\cdots\boldsymbol{\alpha}_s$ 线性相关，则 $\boldsymbol{\alpha}_1,\cdots\boldsymbol{\alpha}_s,\boldsymbol{\alpha}_{s+1},\cdots,\boldsymbol{\alpha}_m$ __________.

4. 若 $\boldsymbol{\alpha}_1,\cdots\boldsymbol{\alpha}_s,\boldsymbol{\alpha}_{s+1},\cdots,\boldsymbol{\alpha}_m$ 线性无关，则去掉一些向量 $\boldsymbol{\alpha}_{s+1},\cdots,\boldsymbol{\alpha}_m$ 后，剩下的 $\boldsymbol{\alpha}_1,\cdots\boldsymbol{\alpha}_s$ ____________

5. 若 $\boldsymbol{\alpha}_1,\cdots,\boldsymbol{\alpha}_m$ 线性无关，$\boldsymbol{\beta},\boldsymbol{\alpha}_1,\cdots,\boldsymbol{\alpha}_m$ 线性相关，则 $\boldsymbol{\beta}$ 可由 $\boldsymbol{\alpha}_1,\cdots,\boldsymbol{\alpha}_m$ __________

6. 向量 $\boldsymbol{\beta}$ 可由向量组 $\boldsymbol{\alpha}_1,\cdots,\boldsymbol{\alpha}_m$ 线性表示的充分必要条件是____________

7. 向量组 $\boldsymbol{\beta}_1,\cdots\boldsymbol{\beta}_s$ 可由向量组 $\boldsymbol{\alpha}_1,\cdots,\boldsymbol{\alpha}_m$ 线性表示的充分必要条件为____________

8. 向量组 $\boldsymbol{\beta}_1,\cdots\boldsymbol{\beta}_s$ 与向量组 $\boldsymbol{\alpha}_1,\cdots,\boldsymbol{\alpha}_m$ 等价的充分必要条件为______________

9. 设向量组 $\boldsymbol{\beta}_1,\cdots\boldsymbol{\beta}_s$ 可由向量组 $\boldsymbol{\alpha}_1,\cdots,\boldsymbol{\alpha}_m$ 线性表示，则 $r(\boldsymbol{\beta}_1,\cdots\boldsymbol{\beta}_s)$______$r(\boldsymbol{\alpha}_1,\cdots,a_m)$

10. 若 $\boldsymbol{\alpha}_1,\cdots,\boldsymbol{\alpha}_m$ 与 $\boldsymbol{\beta}_1,\cdots\boldsymbol{\beta}_s$ 等价，则 $r(\boldsymbol{\alpha}_1,\cdots,\boldsymbol{\alpha}_m)$________$r(\boldsymbol{\beta}_1,\cdots\boldsymbol{\beta}_s)$

实训 2　基本能力实训

实训目的：通过该实训，使学生进一步理解线性组合的表达方式.

实训内容：

判定下列各组中的向量 $\boldsymbol{\beta}$ 是否可以表示为其余向量的线性组合.若可以，试求出其表示式

1. $\boldsymbol{\beta}=(4,5,6)^{\mathrm{T}},\boldsymbol{\alpha}_1=(3,-3,2)^{\mathrm{T}},\boldsymbol{\alpha}_2=(-2,1,2)^{\mathrm{T}},\boldsymbol{\alpha}_3=(1,2,-1)^{\mathrm{T}}$;

2. $\boldsymbol{\beta}=(-1,1,3,1)^{\mathrm{T}},\boldsymbol{\alpha}_1=(1,2,1,1)^{\mathrm{T}},\boldsymbol{\alpha}_2=(1,1,1,2)^{\mathrm{T}},\boldsymbol{\alpha}_3=(-3,-2,1,-3)^{\mathrm{T}}$;

3. $\boldsymbol{\beta}=\left(1,0,-\frac{1}{2}\right)^{\mathrm{T}},\boldsymbol{\alpha}_1=(1,1,1)^{\mathrm{T}},\boldsymbol{\alpha}_2=(1,-1,-2)^{\mathrm{T}},\boldsymbol{\alpha}_3=(-1,1,2)^{\mathrm{T}}$.

实训 3　能力提高与应用实训

实训目的：该实训进一步强化学生对线性相关概念的理解；加强学生对线性相关的判别方法的掌握.

实训内容：

设 $\boldsymbol{\alpha}_1=(1+\lambda,1,1)^{\mathrm{T}}$，$\boldsymbol{\alpha}_2=(1,1+\lambda,1)^{\mathrm{T}}$，$\boldsymbol{\alpha}_3=(1,1,1+\lambda)^{\mathrm{T}}$，$\boldsymbol{\beta}=(0,\lambda,\lambda^2)^{\mathrm{T}}$，$\lambda$ 为值时，

(1)$\boldsymbol{\beta}$ 不能由 $\boldsymbol{\alpha}_1,\boldsymbol{\alpha}_2,\boldsymbol{\alpha}_3$ 的线性表出；

(2)$\boldsymbol{\beta}$ 可由 $\boldsymbol{\alpha}_1,\boldsymbol{\alpha}_2,\boldsymbol{\alpha}_3$ 的线性表出，并且表示方法唯一；

(3)$\boldsymbol{\beta}$ 可由 $\boldsymbol{\alpha}_1,\boldsymbol{\alpha}_2,\boldsymbol{\alpha}_3$ 的线性表出，并且表示方法不唯一.

8.2　线性方程组解的结构

8.2.1　知识点归纳与解析

本节主要内容包括：

1.线性方程组的形式：一般式、矩阵式、向量式.

2.线性方程组解的性质：包括齐次和非齐次线性方程组.

3.线性方程组解的情况判别：关于有解、无解、唯一解和无穷多解的相关定理.

4.线性方程组基础解系和通解.

8.2.2　题型分析与举例

例 1　求下列齐次线性方程组的一个基础解系，并用此基础解系表示方程组的全部解.

$$(1)\begin{cases}x_1+x_2-x_3+x_4=0,\\x_1-x_2+2x_3-x_4=0,\\3x_1+x_2+x_4=0.\end{cases}$$

解　设方程组的增广矩阵为 $\bar{\mathbf{A}}$，对 $\bar{\mathbf{A}}$ 进行初等变换

$$\bar{\mathbf{A}}=\begin{pmatrix}1&1&-1&1&0\\1&-1&2&-1&0\\3&1&0&1&0\end{pmatrix}\rightarrow\begin{pmatrix}1&1&-1&1&0\\0&-2&3&-2&0\\0&-2&3&-2&0\end{pmatrix}$$

$$\rightarrow\begin{pmatrix}1 & 1 & -1 & 1 & 0\\ 0 & -2 & 3 & -2 & 0\\ 0 & 0 & 0 & 0 & 0\end{pmatrix}\rightarrow\begin{pmatrix}1 & 0 & \frac{1}{2} & 0 & 0\\ 0 & -2 & 3 & -2 & 0\\ 0 & 0 & 0 & 0 & 0\end{pmatrix}.$$

得到方程组的一般解 $\begin{cases}\boldsymbol{x}_1=-\frac{1}{2}\boldsymbol{x}_3,\\ \boldsymbol{x}_2=\frac{3}{2}\boldsymbol{x}_3-\boldsymbol{x}_4,\end{cases}$ (其中 $\boldsymbol{x}_3,\boldsymbol{x}_4$ 为自由未知量).

$\begin{pmatrix}\boldsymbol{x}_3\\ \boldsymbol{x}_4\end{pmatrix}$分别取$\begin{pmatrix}1\\0\end{pmatrix}$和$\begin{pmatrix}0\\1\end{pmatrix}$,得到方程组的一个基础解系

$$\boldsymbol{\eta}_1=\left(-\frac{1}{2},\frac{3}{2},1,0\right)^{\mathrm{T}},\boldsymbol{\eta}_2=(0,-1,0,1)^{\mathrm{T}},$$

方程组的全部解为 $\boldsymbol{\eta}=c_1\boldsymbol{\eta}_1+c_2\boldsymbol{\eta}_2$($c_1,c_2$ 为任意常数).

例 2 判断线性方程组$\begin{cases}2x_1-x_2+4x_3-3x_4=-4,\\ x_1+x_3-x_4=-3,\\ 3x_1+x_2+x_3=1,\\ 7x_1+7x_3-3x_4=3\end{cases}$ 是否有解,若有解,求其解(在有无穷多个解的情况下,用基础解系表示全部解).

解 设方程组的增广矩阵为 $\bar{\boldsymbol{A}}$,对 $\bar{\boldsymbol{A}}$ 进行初等变换

$$\bar{\boldsymbol{A}}=\begin{pmatrix}2 & -1 & 4 & -3 & -4\\ 1 & 0 & 1 & -1 & -3\\ 3 & 1 & 1 & 0 & 1\\ 7 & 0 & 7 & -3 & 3\end{pmatrix}\rightarrow\begin{pmatrix}1 & 0 & 1 & -1 & -3\\ 0 & -1 & 2 & -1 & 2\\ 0 & 1 & -2 & 3 & 10\\ 0 & 0 & 0 & 4 & 24\end{pmatrix}$$

$$\rightarrow\begin{pmatrix}1 & 0 & 1 & -1 & -3\\ 0 & 1 & -2 & 3 & 10\\ 0 & 0 & 0 & 2 & 12\\ 0 & 0 & 0 & 4 & 24\end{pmatrix}\rightarrow\begin{pmatrix}1 & 0 & 1 & -1 & -3\\ 0 & 1 & -2 & 3 & 10\\ 0 & 0 & 0 & 2 & 12\\ 0 & 0 & 0 & 0 & 0\end{pmatrix}.$$

则方程组的一般解$\begin{cases}\boldsymbol{x}_1=-\boldsymbol{x}_3+\boldsymbol{x}_4-3,\\ \boldsymbol{x}_2=2\boldsymbol{x}_3-3\boldsymbol{x}_4+10,\\ \boldsymbol{x}_4=6,\end{cases}$(其中 $\boldsymbol{x}_3$ 为自由未知量),由此可得一个特解 $\boldsymbol{\gamma}_0=(3,-8,0,6)^{\mathrm{T}}$.

又导出组的一般解为$\begin{cases}x_1=-x_3+x_4,\\ x_2=2x_3-3x_4,\\ x_4=0,\end{cases}$由此得到导出组的一个基础解系 $\boldsymbol{\eta}=\begin{pmatrix}-1\\2\\1\\0\end{pmatrix}$,所以方程组的全部解为 $\boldsymbol{\gamma}=\boldsymbol{\gamma}_0+c\boldsymbol{\eta}$($c$ 为任意常数).

8.2.3 实训

实训 1　基础知识实训

实训目的：通过该实训，加深学生对线性方程组相关定理和性质的理解和掌握.

实训内容：

1. 若四阶方程的秩为 3，则(　　).

(A) $\boldsymbol{A}$ 为可逆矩阵　　(B) 齐次方程组 $\boldsymbol{Ax}=\boldsymbol{0}$ 有非零解

(C) 齐次方程组 $\boldsymbol{Ax}=0$ 只有零解　　(D) 非齐次方程组 $\boldsymbol{Ax}=\boldsymbol{b}$ 必有解

2. 设 $\boldsymbol{A}$ 为 $m\times n$ 矩阵，则 n 元齐次线性方程组 $\boldsymbol{Ax}=\boldsymbol{0}$ 存在非零解的充要条件是(　　).

(A) $\boldsymbol{A}$ 的行向量组线性相关　　(B) $\boldsymbol{A}$ 的列向量组线性相关

(C) $\boldsymbol{A}$ 的行向量组线性无关　　(D) $\boldsymbol{A}$ 的列向量组线性无关

3. 设 $\boldsymbol{\alpha}_1,\boldsymbol{\alpha}_2,\boldsymbol{\alpha}_3$ 是. 齐次线性方程组 $\boldsymbol{Ax}=\boldsymbol{0}$ 的一个基础解系，则下列解向量组中，可以作为该方程组基础解系的是(　　).

(A) $\boldsymbol{\alpha}_1,\boldsymbol{\alpha}_2,\boldsymbol{\alpha}_1+\boldsymbol{\alpha}_2$　　(B) $\boldsymbol{\alpha}_1+\boldsymbol{\alpha}_2,\boldsymbol{\alpha}_2+\boldsymbol{\alpha}_3,\boldsymbol{\alpha}_3+\boldsymbol{\alpha}_1$

(C) $\boldsymbol{\alpha}_1,\boldsymbol{\alpha}_2,\boldsymbol{\alpha}_1-\boldsymbol{\alpha}_2$　　(D) $\boldsymbol{\alpha}_1-\boldsymbol{\alpha}_2,\boldsymbol{\alpha}_2-\boldsymbol{\alpha}_3,\boldsymbol{\alpha}_3-\boldsymbol{\alpha}_1$

4. 设 $\boldsymbol{A}$ 为 $m\times n$ 矩阵，则齐次线性方程组 $\boldsymbol{Ax}=\boldsymbol{0}$ 仅有零解的充分必要条件是(　　).

(A) $\boldsymbol{A}$ 的列向量组线性无关　　(B) $\boldsymbol{A}$ 的列向量组线性相关

(C) $\boldsymbol{A}$ 的行向量组线性无关　　(D) $\boldsymbol{A}$ 的行向量组线性相关

5. 设齐线性方程 $\boldsymbol{Ax}=\boldsymbol{0}$ 有解 $\boldsymbol{\xi}$，而非齐线性方程 $\boldsymbol{Ax}=\boldsymbol{b}$ 有解 $\boldsymbol{\eta}$，则 $\boldsymbol{\xi}+\boldsymbol{\eta}$ 是方程__________的解.

6. 设矩阵 $\boldsymbol{A}=\begin{pmatrix}1&2&2\\2&t&3\\3&4&5\end{pmatrix}$，若齐次线性方程组 $\boldsymbol{Ax}=\boldsymbol{0}$ 有非零解，则数 $t=$__________.

实训 2　基本能力实训

实训目的：该实训旨在加强学生对齐次以及非齐次线性方程组求解过程的熟练掌握.

实训内容：

1. 求下列齐次线性方程组的一个基础解系，并用此基础解系表示方程组的全部解.

$$\begin{cases}x_1-2x_2-x_3-x_4=0,\\2x_1-4x_2+5x_3+3x_4=0,\\4x_1-8x_2+17x_3+11x_4=0.\end{cases}$$

2. 判断线性方程组 $\begin{cases} 2\boldsymbol{x}_1-4\boldsymbol{x}_2-\boldsymbol{x}_3=4, \\ -\boldsymbol{x}_1-2\boldsymbol{x}_2-\boldsymbol{x}_4=4, \\ 3\boldsymbol{x}_2+\boldsymbol{x}_3+2\boldsymbol{x}_4=1, \\ 3\boldsymbol{x}_1+\boldsymbol{x}_2+3\boldsymbol{x}_4=-3 \end{cases}$ 是否有解，若有解，求其解（在有无穷多个解的情况下，用基础解系表示全部解）.

实训 3　能力提高与应用实训

实训目的：通过该实训进一步加深学生求解线性方程组的熟练程度，提高综合解题技巧的能力.

实训内容：

1. 设四元非齐次线性方程组 $\boldsymbol{Ax}=\boldsymbol{b}$ 的系数矩阵 $\boldsymbol{A}$ 的秩为 3，且它的三个解 $\boldsymbol{\eta}_1,\boldsymbol{\eta}_2,\boldsymbol{\eta}_3$ 满足 $\boldsymbol{\eta}_1+\boldsymbol{\eta}_2=\begin{pmatrix}2\\0\\-2\\4\end{pmatrix}$，$\boldsymbol{\eta}_1+\boldsymbol{\eta}_3=\begin{pmatrix}3\\1\\0\\5\end{pmatrix}$，求 $\boldsymbol{Ax}=\boldsymbol{b}$ 的通解.

2. 判断线性方程组 $\begin{cases} x_1+x_2+x_3+x_4+x_5=-1, \\ 3x_1+2x_2+x_3+x_4-3x_5=-5, \\ x_2+2x_3+2x_4+6x_5=2, \\ 5x_1+4x_2+3x_3+3x_4-x_5=-7 \end{cases}$ 是否有解，若有解，求其解（在有无穷多个解的情况下，用基础解系表示全部解）.

实训参考答案

1.1

实训 1

1. (1) $\in$； (2) $\notin$； (3) $\supset$； (4) $\supset$； (5) $\in$； (6) $=$.

2. 必要不充分.

3. B. 4. B. 5. $\varnothing,\{3\},\{6\},\{8\},\{3,6\},\{3,8\},\{6,8\}$.

实训 2

1. $[1,2]\cup[5,7)$. 2. $\{2,3,4\}$.

1.2

实训 1

1. (1)是； (2)不是； (3)不是.

2. (1) $\left(-\frac{3}{2},+\infty\right)$； (2) $(-5,+\infty)$； (3) $[0,2]$.

3. (1) $y=\frac{x-1}{3}$； (2) $y=\frac{1}{x}-3$； (3) $y=e^{x-1}$.

4. D:$\mathbf{R}$， 1， -1， 4.

实训 2

1. (1) $(5,+\infty)$； (2) $(-\infty,1)$ 2. (1) $\frac{1}{2},\frac{\sqrt{2}}{2},\frac{\sqrt{2}}{2},0$.

实训 3

1. (1) $[-3,1]$； (2) $[-2,1)\cup(1,2]$.

2. (1) $[-1,1]$； (2) $[-a,1-a]$； (3) $[2k\pi,2k\pi+\pi]$.

1.3

实训 1

1. 略. 2. (1) $y=\ln^2 x$； (2) $y=\arctan e^x$； (3) $y=\tan e^{x^2+1}$.

3. (1) $y=\ln u,u=\arcsin x$； (2) $y=\sin u,u=\sin x$； (3) $y=u^2,u=\tan x$； (4) $y=\csc u,u=\frac{x}{2}$；
(5) $y=\frac{1}{u},u=\operatorname{arccot} x$； (6) $y=\sqrt{u},u=1-x^2$.

实训 2

(1) $y=\sqrt{u},u=\sec v,v=3x$； (2) $y=u^2,u=\cos v,v=2x+3$；

(3) $y=\ln u, u=\ln v, v=\ln t, t=2x$； (4) $y=\sqrt[3]{u}, u=\tan v, v=2x+1$；

(5) $y=a^u, u=\arcsin v, v=\ln x$； (6) $y=\frac{1}{u}, u=\ln v, v=\sin t, t=x^2$.

实训 3

1. 略.

2. (1) $y=\arctan u, u=e^v, v=2x-1$； (2) $y=u^{-2}, u=\sec v, v=5x$；

(3) $y=\sin u, u=\sqrt{v}, v=2x^2-3$； (4) $y=\log_2 u, u=\ln v, v=e^x+1$.

1.4

实训 1

略.

实训 2

1. $S=2\pi r^2+\frac{2V}{r}$.　　2. $y=\begin{cases}5, & 0<x\leqslant 3,\\ -1+2x, & x>3.\end{cases}$

3. (1) 290； (2) $\sqrt[10]{\frac{5}{2}}-1$.　　4. $L(x)=-x^2+40x-100, L(30)=200$.

1.5

实训 1

1. $(x-2)^2+y^2=4, 4\pi$.

2. $\begin{cases}x=x_0+t\cos\theta,\\ y=y_0+t\sin\theta.\end{cases}$　　3. $\begin{cases}x=a\cos\theta,\\ y=b\sin\theta.\end{cases}$

1.6

实训 1

1. (1) $A(1,1)$； (2) $B(-2,-2\sqrt{3})$； (3) $C(4,-4)$； (4) $D(-\sqrt{3},1)$.

2. (1) $A\left(\sqrt{2},\frac{5\pi}{4}\right)$； (2) $B\left(8,\frac{5\pi}{3}\right)$； (3) $C\left(5\sqrt{2},\frac{3}{4}\pi\right)$； (4) $D(3,\pi)$.

实训 2

1. (1) 以原点为圆心以 5 为半径的圆； (2) 射线； (3) 以 $(-3,0)$ 为圆心、3 为半径的圆；

(4) 以 $(0,5)$ 为圆心、5 为半径的圆.

2.1

实训 1

1. 对于数列，由于 n 只能取正整数，所以 $n\to\infty$ 在数轴上是跳跃着趋向正无穷大；而对于函数，$x\to\infty$ 包含 $x\to-\infty$ 和 $x\to+\infty$ 两个过程，并且 $x\to\infty$ 在数轴上是连续趋向正无穷大或负无穷大.

2. 略. 3. 略. 4. 略. 5. 略.

实训 2

1.(1)1； (2)−1； (3)0； (4)0.　　2. $\lim\limits_{x\to 0} f(x)$不存在； $\lim\limits_{x\to 1} f(x)=1$.

实训 3

1. $a=1,b=3$.　2.1.

2.2

实训 1

1.(1)无穷小； (2)无穷小； (3)无穷大； (4)无穷小； (5)无穷小； (6)无穷大.

2.略.　3.(1)错； (2)错； (3)错； (4)错.

实训 2

1.(1)A； (2)D.　　2.(1)0； (2)0； (3)1； (4)$\frac{1}{2}$； (5)$\frac{1}{3}$； (6)∞.　　3. $k=2$.

实训 3

1.0.　　2. $\frac{3}{2}$.

2.3

实训 1

1.略.　　2.略.　　3.(1)3； (2)$-\frac{1}{7}$； (3)−6； (4)$\frac{3}{2}$； (5)$-\frac{1}{2}$； (6)0.

实训 2

1.(1)$\frac{2}{3}$； (2)$\sqrt{2}$； (3)∞； (4)$\frac{3^7}{5^{12}}$.　　2.0.　　3. $k=-3$.

实训 3

1. $a=1,b=-1$.　　2. $\frac{1}{2}$.　　3. $\frac{\sqrt{3}}{3}a^2$.

2.4

实训 1

1.略.　　2.(1)$\frac{1}{2}$； (2)$\frac{3}{5}$； (3)2； (4)$\frac{1}{2}$； (5)2； (6)1.

3.(1)e； (2)$\frac{1}{e}$； (3)e^5； (4)e； (5)e^2； (6)e.

实训 2

1.(1)1； (2)1； (3)1； (4)2； (5)0； (6)1.

2.(1)e； (2)e^2； (3)e^3； (4)$\frac{1}{e}$； (5)$e^{\frac{1}{3}}$； (6)e^{-2}.

实训 3

1.(1)1； (2)4； (3)1.　　2. $c=\frac{1}{2}\ln 2$.

2.5

实训 1

1. 略.　　2. 略.　　3. (1)2；(2)$\frac{\pi}{2}$；(3)1；(4)3.　　4. 略.

实训 2

1. $a=\frac{1}{2}$.　　2. a 无论为何值，函数 $f(x)$ 在 $x=0$ 处都不连续.

3. (1)$x=-1$ 是第二类间断点；(2)$x=0$ 是第一类间断点.

实训 3

1. $k=1$.　　2. 略.

2.6

实训 1

1. 略.　　2. 略.　　3. (1)e；(2)0；(3)1；(4)3.

实训 2

1. 略.　　2. 略.

实训 3

1. $\frac{\pi}{6}$.　　2. 略.

3.1

实训 1

1. 略.　　2. 略.　　3. 略.　　4. $A=3f'(x_0)$.

实训 2

1. (1)$\frac{9}{2}x^{\frac{7}{2}}$；(2)$\frac{2}{3}x^{-\frac{1}{3}}$；(3)$2^x\ln 2$；(4)$\frac{1}{x\ln 3}$；　　2. $-1,-\frac{1}{2}$.

实训 3

1. $x-y+1=0$，$x+y-1=0$.　　2. 24 m/s.　　3. 略.

3.2

实训 1

1. 略.　　2. 略.

3. (1)$\cos x+5e^x-3x^{-4}$；(2)$\sec x+x\sec x\tan x+\frac{1}{x^2}$；

(3)$\sec^2 x\cdot\ln x\cdot 2^x+\tan x\cdot 2^x\cdot\frac{1}{x}+\tan x\cdot\ln x\cdot 2^x\ln 2$；(4)$\frac{-x\csc^2 x-\cot x}{x^2}$.

实训 2

1. $-\frac{4}{x^2}-\frac{8}{x^3}$.　　2. $-4x^3$.

实训 3

1. $\dfrac{x(9x-4)\ln x+x^4-3x^2+2x}{(3\ln x+x^2)^2}$.　　2. $-6x^2-10x+1$.

3.3

实训 1

1. 略.　　2. 略.

3. (1) $2x\sec^2(1+x^2)$；　(2) $-3e^{-3x}$；　(3) $\dfrac{-4}{(x+3)^5}$；　(4) $\cot x$.

实训 2

1. $-\dfrac{1}{x^2}e^{\sin\frac{1}{x}}\cdot\cos\dfrac{1}{x}$.　　2. $\dfrac{1}{\sqrt{1+x^2}}$.

实训 3

1. $2xf'(x^2)$.　　2. $\sin 2x[f'(\sin^2 x)-f'(\cos^2 x)]$.

3.4

实训 1

1. 略.　　2. 略.　　3. 略.

实训 2

1. (1) $\dfrac{e^x-2x}{\cos y}$；　(2) $-y(2^x\ln 2+\cos x)$.　　2. $\dfrac{1}{2t}$.　　3. $x^x(1+\ln x)$.

实训 3

1. $\sqrt{3}x+4y-8\sqrt{3}=0$.　　2. $2\sqrt{2}x+y-2=0$, $\sqrt{2}x-4y-1=0$.

3.5

实训 1

1. 略.　　2. 略.　　3. 略.

实训 2

1. $\left(\dfrac{\sin x}{2\sqrt{x}}+\sqrt{x}\cos x\right)dx$.　　2. $\dfrac{4x\ln(1+x^2)}{1+x^2}dx$.

实训 3

1. $\dfrac{e^y}{1-xe^y}dx$.　　2. $\left(\dfrac{1}{a}x^{\frac{1}{a}-1}+\dfrac{1}{x^2}a^{\frac{1}{x}}\ln a\right)dx$.

3.6

实训 1

1. 略.　　2. 略.

实训 2

1. 0.5076.　　2. 0.001.

实训 3

1.0.09.

4.1

实训 1

1.略.　　　　2.不成立,举例略.

3.拉格朗日中值定理的几何意义:如果连续曲线除端点外都有不垂直于 x 轴的切线,那么该曲线上至少有这样一点存在,在该点处曲线的切线平行于连接两端点的直线.

4.充分非必要条件,不能.

实训 2

1.B.　　　　2.$\xi=\frac{2\sqrt{3}}{3}$.　　　　3.(1)k; (2)$\frac{3}{2}$; (3)0; (4)0; (5)$\frac{1}{6}$; (6)2.

实训 3

1.(1)满足; (2)不满足.　　　　2.3,(−1,0),(0,1),(1,4).　　　　3.略.

4.(1)0; (2)$\frac{2}{\pi}$; (3)∞; (4)$\frac{1}{2}$; (5)$\frac{1}{e}$; (6) 1; (7)1; (8)e^{-1}.

4.2

实训 1

1.(1)单调递增、单调递减; (2)$\equiv C$; (3)①定义域, ②$f'(x)=0$, ④正负.

2.D.

实训 2

1.B.　　　　2.A.

3.(1)$(-\infty,-1)$和$(0,1)$单调减少,$(-1,0)$和$(1,+\infty)$单调增加;

(2)$(-\infty,0)$单调减少,$(0,+\infty)$单调增加;

(3)$\left(0,\frac{\pi}{3}\right)$和$\left(\frac{5\pi}{3},2\pi\right)$单调减少,$\left(\frac{\pi}{3},\frac{5\pi}{3}\right)$单调增加;

(4)$(-2,-1)$,$(-1,0)$单调减少,$(-\infty,-2)$和$(0,+\infty)$,单调增加.

实训 3

1.A.　　　　2.证明略.

4.3

实训 1

1.$f(x)<f(x_0)$ $(f(x)>f(x_0))$.　　　　2.不成立.

3.使导数 $f'(x)$为零的点 x,称为函数的驻点.否.

实训 2

1.(1)错; (2)错; (3)对; (4)错; (5)错; (6)错.

2.(1)极小值 $f(1)=2$; (2)极大值 $f(-1)=-2$,极小值 $f(1)=2$;

(3)极大值 $f\left(\frac{3}{4}\right)=\frac{5}{4}$； (4)无极值.

3.(1)最大值 $y=-29$,最小值 $y=-61$； (2)最大值 $y=-1$,最小值 $y=-3$；

(3)最大值 $y=100.01$,最小值 $y=2$； (4)最大值 $y=\sqrt[3]{12}$,最小值 $y=-\sqrt[3]{\frac{1}{4}}$.

实训 3

1.(1)错； (2)对. 2. $r=\sqrt[3]{\frac{v}{\pi}}, h=\sqrt[3]{\frac{v}{\pi}}$.

3. $p_0=310$ 元,$q=1\ 240$ 台,$r=384\ 400$ 元. 4. 50 km/h.

4.4

实训 1

1.凹的,凸的. 2.C. 3.单调增加.

实训 2

1.B.

2.(1)曲线的凹区间$(-\infty,-2)$,凸区间$(-2,+\infty)$,拐点$\left(-2,\frac{2}{e^2}\right)$；

(2)曲线的凹区间$(-\infty,0)$和$\left(\frac{2}{3},+\infty\right)$,凸区间$\left(0,\frac{2}{3}\right)$,拐点$(0,1)$和$\left(\frac{2}{3},\frac{11}{27}\right)$；

(3)曲线的凹区间$(-\infty,0)$,凸区间$(0,+\infty)$ (4)曲线的凹区间$(2,+\infty)$,凸区间$(-\infty,2)$,拐点$(2,0)$.

实训 3

1. $a=-1,b=3$. 2. $a=-6,b=9,c=2$. 3.当 $3a^2-8b<0$ 时,曲线无拐点.

4.5

实训 1

1. $y=0$. 2.A. 3.B.

实训 2

1.B. 2.略.

4.6

实训 1

1. $\mathrm{d}s=\pm\sqrt{[\varphi'(t)]^2+[\psi'(t)]^2}\,\mathrm{d}t$. 2.弯曲,平坦. 3.直线,圆.

实训 2

1.0. 2. $x=r\cos t, y=r\sin t$ 则曲率 $\beta=\frac{1}{r}$. 3. $k=\frac{|\varphi'(t)\psi''(t)+\varphi''(t)\psi'(t)|}{[\varphi'^2(t)+\psi'^2(t)]^{\frac{2}{3}}}$.

4. $k=\frac{\sqrt{2}}{2}$. 5. $k=2,r=\frac{1}{2}$. 6. $\frac{1}{2^{\frac{3}{2}}}$

实训 3

1. $x=-\frac{b}{2a}$(顶点),$k=|2a|$.　　2. 约 1 432 m.　　3. 略.

4.7

实训 1

1. 200,$4q+0.05q^2$,$4+0.1q$.

2. 边际利润,在销量为 q 时,再多销售一个单位产品所增加的总收入.

3. $=$,$<$.　　4. -1,单位弹性,基本相等.　　5. 降价,增加.

实训 2

1. $L(q)=-q^2+2q-100$,$L'(q)=-2q+2$.　　2. $q=3\ 000$.

3. 边际成本 $C'(q)=5$,$R'(q)=10-0.02q$,$L'(q)=5-0.02q$.

实训 3

1. $E(p)=\ln\frac{1}{2}$.　　2. $q=650$ 时有最大利润.

5.1

实训 1

1. 略.　　2. 略.　　3. (1)错误; (2)错误; (3)错误; (4)错误; (5)错误.

4. (1)$f'(x)$,$f'(x)\mathrm{d}x$,x; (2)$\sec^2 x\cos x$,$\sec^2 x\cos x\mathrm{d}x$,$x$;

(3)$\cos^2 x+\mathrm{e}^{\cos x}$,$(\cos^2 x+\mathrm{e}^{\cos x})\mathrm{d}(\cos x)$,$\cos x$;

(4)$2x^2-3\sin x+5\sqrt{x}$,$(2x^2-3\sin x+5\sqrt{x})\mathrm{d}x$,$x$.

实训 2

1. (1)不成立; (2)不成立; (3)成立; (4)不成立.

2. (1)x^3+C; (2)$5x+C$; (3)$3\sin x+C$; (4)$4\tan x+C$; (5)e^x+C; (6)$\ln|x|+C$.

实训 3

1. $\frac{1}{2}x^2+2x-1$.　　2. x^3+1.　　3. $s=\frac{3}{2}t^2-2t+5$.

5.2

实训 1

1. 利用不定积分的性质、运算法则和基本公式求不定积分的方法.

2. (1)$-\csc x+C$; (2)$\sec x+C$; (3)$\sin x+C$; (4)$\frac{1}{\alpha+1}x^{\alpha+1}+C$; (5)$\ln|x|+C(x\neq 0)$;

(6)$\arctan x+C$; (7)$\arcsin x+C$; (8)$-\cos x+C$; (9)$kx+C$; (10)$\ln|\csc x-\cot x|+C$;

(11)$-\cot x+C$; (12) $x+C$; (13)$\int 0\mathrm{d}x=C$; (14)e^x+C; (15)$-\arccos x+C$;

(16)$\frac{1}{\ln a}a^x+C$; (17)$-\mathrm{arccot}\, x+C$; (18)$\log_a|x|+C$; (19)$-\ln|\cos x|+C$;

(20)$\ln|\sec x+\tan x|+C$；(21)$\ln|\sin x|+C$；(22)$\tan x+C$.

实训 2

1.(1)$\frac{2}{3}x^3+3\cos x+5x+C$；(2)$-\cos x+\frac{1}{4}x^4+C$；(3)$5\arctan x+C$；

(4)$\frac{1}{4}x^4+x^3+2x+C$；(5)$\frac{2}{5}x^{\frac{5}{2}}+C$；(6)$2e^x-3\sin x+C$.

2.(1)$e^{x+2}+C$；(2)$\frac{5^x\cdot 2^{3x}}{3\ln 2+\ln 5}+C$；(3)$x-\arctan x+C$；(4)$x-4\ln|x|-\frac{4}{x}+C$；

(5)$\sin x+\cos x+C$；(6)$\tan x-x+C$；(7)$\tan x-\sec x+C$.

实训 3

1.(1)$\frac{1}{\ln 9e}3^{2t}e^{t+2}+C$；(2)$\frac{8}{9}u^{\frac{9}{8}}+C$；(3)$\frac{8}{15}x^{\frac{15}{8}}+C$；(4)$\frac{1}{2}x+\frac{1}{2}\sin x+C$；

(5)$\frac{1}{3}x^3-x+\arctan x+C$；(6)$x-e^x+C$；(7)$\frac{10^x}{\ln 10}-\cot x-x+C$；

(8)$-\cot x-\tan x+C$；(9)$\sec x+C$；(10)$\arctan x+\ln|x|+C$.

2.(1)$s=27$ m；(2)$t=8$ m.

5.3

实训 1

1.略.

2.(1)$\frac{1}{4}\sin 4x+C$；(2)$-\frac{2}{5}\sqrt{4-5x}+C$；(3)$\frac{2}{15}(2+3x)^{\frac{5}{2}}+C$；(4)$-e^{-x}+C$；

(5)$-\frac{1}{2}e^{3-2x}+C$；(6)$2\sin\sqrt{x}+C$；(7)$\frac{1}{4}\sin^4 x+C$；(8)$-\cos e^x+C$；

(9)$\frac{1}{2}(\mathrm{arc}\tan x)^2+C$.

3.(1)$2\sqrt{(x+1)^3}-6\sqrt{x+1}+C$；(2)$3\left(\frac{1}{2}\sqrt[3]{x^2}-\sqrt[3]{x}+\ln\left|1+\sqrt[3]{x}\right|\right)+C$；

(3)$x-2\sqrt{x}+2\ln(1+\sqrt{x})+C$；(4)$2\sqrt{x-1}-4\ln(2+\sqrt{x-1})+C$；

(5)$4\left(\frac{1}{2}\sqrt{x}-\sqrt[4]{x}+\ln(\sqrt[4]{x}+1)\right)+C$；(6)$\frac{3}{5}\sqrt[3]{(x-3)^5}-\frac{3}{4}\sqrt[3]{(x-3)^4}+x-3+C$；

(7)$\ln(\sqrt{x^2+4}+x)+C$；(8)$\sqrt{x^2-2}-\sqrt{2}\arccos\frac{\sqrt{2}}{x}+C$；

(9)$2\arcsin\frac{x}{2}-\frac{x}{2}\sqrt{4-x^2}+C$；(10)$2\sqrt{1+e^x}+\ln\left|\sqrt{1+e^x}-1\right|-\ln\left|\sqrt{1+e^x}+1\right|C$.

实训 2

1.(1)$\frac{1}{4}\tan^4 x+C$；(2)$3\arcsin\frac{x}{2}-\sqrt{4-x^2}+C$；(3)$x-\ln(1+e^x)+C$

(4)$(\arcsin\sqrt{x})^2+C\left(\text{提示}\frac{1}{\sqrt{x-x^2}}dx=\frac{1}{\sqrt{x}\sqrt{1-x}}dx=\frac{1}{\sqrt{1-x}}d\sqrt{x}=d\arcsin\sqrt{x}\right)$；

(5)$\frac{1}{3}\arctan\frac{x}{3}+C$；(6)$\frac{2}{3}\sqrt{(1+\ln x)^3}+C$；(7)$2\sqrt{1+\tan x}+C$；

(8) $\ln|\cos x+\sin x|+C$； (9) $-\cos x+\frac{1}{3}\cos^3 x+C$； (10) $\tan x+\frac{1}{3}\tan^3 x+C$.

2. (1) $\frac{a^2}{2}\arcsin\frac{x}{a}-\frac{x}{2}\sqrt{a^2-x^2}+C$； (2) $-\frac{1}{x}\sqrt{a^2+x^2}+\ln(x+\sqrt{a^2+x^2})+C$；

(3) $\frac{2}{9}\sqrt{9x^2-4}+\ln|3x+\sqrt{9x^2-4}|+C$； (4) $\sqrt{x^2+2x+2}-\ln\left|\sqrt{x^2+2x+2}+x+1\right|+C$；

(5) $\ln\frac{\sqrt{1+e^x}-1}{\sqrt{1+e^x}+1}+C$； (6) $\sqrt{1+2x}+C$.

5.4

实训 1

(1) $\frac{x}{3}\sin 3x+\frac{1}{9}\cos 3x+C$； (2) $-e^{-x}(x+1)+C$； (3) $x\ln x-x+C$；

(4) $x^2\sin x+2x\cos x-2\sin x+C$； (5) $x\ln(1+x^2)-2x+2\arctan x+C$；

(6) $x\arcsin x+\sqrt{1-x^2}+C$； (7) $\frac{1}{2}e^x(\cos x+\sin x)+C$； (8) $xf'(x)-f(x)+C$；

(9) $x\arctan 2x-\frac{1}{4}\ln(1+4x^2)+C$； (10) $\left(\frac{1}{3}x^2-\frac{2}{9}x+\frac{2}{27}\right)e^{3x}+C$.

实训 2

(1) $\left(\frac{1}{3}x^3-\frac{1}{2}x^2\right)\ln x-\frac{1}{9}x^3+\frac{1}{4}x^2+C$； (2) $\frac{1}{2}x[\sin(\ln x)-\cos(\ln x)]+C$；

(3) $3(\sqrt[3]{x^2}-2\sqrt{x}+2)e^{\sqrt[3]{x}}+C$； (4) $\frac{1}{13}e^{2x}(3\sin 3x+2\cos 3x)+C$；

(5) $-2(\sqrt{1-x}\sin\sqrt{1-x}+\cos\sqrt{1-x})+C$； (6) $-\frac{x}{4}\cos 2x+\frac{1}{8}\sin 2x+C$；

(7) $-\frac{1}{x}(1+\ln x)+C$ (8) $2\sqrt{1-x}+2\sqrt{x}\arcsin\sqrt{x}+C$.

5.5

实训 1

(1) $\frac{1}{2(2+x)^2}-\frac{1}{4}\ln\left|\frac{2+x}{x}\right|+C$； (2) $-\frac{1}{5x}+\frac{4}{25}\left|\frac{5+4x}{x}\right|+C$； (3) $\frac{1}{2}\arctan\frac{x+1}{2}+C$；

(4) $x\ln^3 x-3x\ln^2 x+6x\ln x-6x+C$； (5) $\left(\frac{x^2}{2}-1\right)\arcsin\frac{x}{2}+\frac{x}{4}\sqrt{4-x^2}+C$；

(6) $-\frac{e^{-2x}}{13}(2\sin 3x+3\cos 3x)+C$；(7) $\frac{x(x^2-1)\sqrt{x^2-2}}{4}-\frac{1}{2}\ln|x+\sqrt{x^2-2}|+C$；

(8) $\frac{1}{5}\cos^4 x\sin x+\frac{4}{15}\cos^2 x\sin x+\frac{8}{15}\sin x+C$.

5.6

实训 1

1. $y=x^2+1$.　2. (1) $v(t)=\frac{5}{2}\cos\left(2t+\frac{\pi}{4}\right)-\frac{5\sqrt{2}}{4}$；　(2) $s(t)=\frac{5}{4}\sin\left(2t+\frac{\pi}{4}\right)-\frac{5\sqrt{2}}{4}t$.

3. $R(50)=9987.5$.　　4. $T=20+80e^{-kt}$.　　5. $v=\frac{mg}{k}(1-e^{-\frac{k}{m}t})$

6.1

实训 1

1. 略.　2. 略.

实训 2

1. (1)=；　(2)=；　(3)<；　(4)<；　(5)=；　(6)>.

2. (1) $\left[\frac{2}{e},2e\right]$；　(2) $[1,2]$；　(3) $\left[\frac{1}{e}-e,e-\frac{1}{e}\right]$.

3. (1)16；　(2)6；　(3) $\frac{\pi}{4}$.

实训 3

1. (1) $A=\int_0^1(x+1-e^{-x})dx$；　(2) $A=\int_1^2 x^3dx$；　(3) $A=\int_1^e \ln x dx-\int_{0.5}^1 \ln x dx$；

　(4) $\int_{-\frac{\pi}{2}}^{\frac{\pi}{2}}\cos x dx-\int_{\frac{\pi}{2}}^{\pi}\cos x dx$；　(5) $\int_a^b(f(x)-g(x))dx$.

2. $\frac{1}{8}\int_0^{10}(3t^2-\sin t)dt$.

3. $Q=\int_0^T I(t)dt$.

6.2

实训 1

1. (1)0；　(2) e^{3x}；　(3) $-\cos(3x+1)$；　(4) $2xe^{x^2}$.

2. (1) e^2-1；　(2)1；　(3)10；　(4) $\frac{1}{3}$；　(5) $\frac{\pi}{12}+1-\frac{\sqrt{3}}{3}$；　(6) $1+\frac{\pi}{4}$；

　(7) $2+\ln(1+e^{-2})-\ln 2$；　(8) $\frac{1}{2}(e-1)$.

实训 2

1. (1) $\frac{1}{3}$；　(2) $-\frac{1}{2}$；　(3)e.

2. (1) $\frac{\sqrt{2}}{2}$；　(2)4；　(3) $\frac{\pi}{6}$；　4) $\frac{1}{101}$；　(5) $\frac{4}{3}$；　(6) $\frac{3}{2}$；　(7) $\frac{1}{2}(\ln 3-\ln 2)$；　(8)1.

3. $e+3$.　　4. (1) $\frac{3x^2}{\sqrt{1+x^6}}-\frac{2x}{\sqrt{1+x^4}}$　(2) $3x^2(\cos x-1)$.

6.3

实训 1

1.(1)$7+2\ln 2$；(2)$2-\frac{\pi}{2}$；(3)$\frac{32}{3}$；(4)0；(5)$\frac{1}{6}$；(6)$2\ln 2-1$.(7)-2；(8)$1-\frac{2}{e}$；(9)$\frac{\pi}{4}-\frac{1}{2}$；(10)$\frac{1}{4}(e^2+1)$. 2.$\frac{1}{4}(e^2+1)$.

实训 2

1.(1)$\frac{1}{2}(e^{\frac{\pi}{2}}+1)$；(2)$-4$；(3)$\frac{4}{15}$；(4)$\frac{22}{3}$；(5)2；(6)$\frac{\pi}{2}$；(7)$20\ln 2-6\ln 3$；(8)$\frac{\pi}{4}a^2$；(9)$8\ln 2-4$；(10)$\frac{\pi}{6}$；(11)$\frac{\pi}{2}$；(12)$\frac{16}{35}$.

2. -1. 提示:用换元法,令 $2x=t$. 3.260.8.

6.4

实训 1

1.(1)1；(2)发散；(3)π；(4)发散；(5)$\frac{1}{3}$；(6)发散；(7)2；(8)$\frac{\pi}{2}$.

实训 2

1.(1)$\frac{3}{2}$；(2)2；(3)-1；(4)1；(5)发散；(6)发散.

2.当 $p>1$ 时,原积分$=\frac{1}{p-1}$,收敛;当 $p\leqslant 1$ 时,原积分$=+\infty$,发散.

6.5

实训 1

1.(1)$\frac{8}{27}(10\sqrt{10}-1)$；(2)$\frac{2}{3}(2\sqrt{2}-1)$； 2.$\frac{3}{2}-\ln 2$. 3.$\frac{8}{3}$. 4.$\frac{\pi}{5}$,$\frac{\pi}{2}$.

实训 2

1.$\frac{e^a-e^{-a}}{2}$. 2.$\frac{9}{2}$. 3.$\frac{\pi}{4}$.

实训 3

1.$\frac{8}{3}$. 2.$\frac{9}{2}$. 3.$\frac{16}{15}\pi$.

6.6

实训 1

1.1(J). 2.$7\,840\pi\ln 2$(J). 3.2.45×10^6(J). 4.$9.96\times 10^3\pi$(J).

6.7

实训 1

1.(1)9 987.5； (2)10 062.5.

2. $C(x)=\frac{1}{3}x^3-2x^2+6x+100$，$R(x)=105x-x^2$，当 $x=11$ 时利润最大，最大值为 $\frac{1999}{3}$.

3. 300,100. 4. 10 000 万元.

7.1

实训 1

1. B. 2. -24. 3. C. 4.(1)-28； (2)0. 5. 略.

实训 2

1.(1)75； (2)-30； (3)0； (4)$1+a^2+b^2+c^2$.

2. $x=\frac{1}{2}$，$y=1$，$z=-\frac{3}{2}$.

实训 3

1.(1)$\frac{71}{36}$； (2)40； (3)$-29,400,000$； (4)a^n-a^{n-2}.

2. $x=3$，$y=-4$，$z=-1$，$w=1$. 3. $k\neq-\frac{91}{5}$.

7.2

实训 1

1. B. 2. B. 3. 3.

4. $\boldsymbol{A}+\boldsymbol{B}=\begin{pmatrix}1&1&1\\1&2&3\end{pmatrix}$；$\boldsymbol{A}-\boldsymbol{B}=\begin{pmatrix}3&-1&-3\\5&0&-7\end{pmatrix}$；$2\boldsymbol{A}-3\boldsymbol{B}=\begin{pmatrix}7&-3&-8\\12&-1&-19\end{pmatrix}$.

实训 2

1.(1)$\begin{pmatrix}4&6\\7&-1\end{pmatrix}$； (2)$\begin{pmatrix}0&5\\0&0\end{pmatrix}$； (3)$\begin{pmatrix}0&0\\0&0\end{pmatrix}$； (4)$\begin{pmatrix}1&2&3\\2&4&6\\3&6&9\end{pmatrix}$； (5)(14)； (6)$\begin{pmatrix}30&7\\-18&45\\23&-2\end{pmatrix}$.

2. $\begin{pmatrix}7&1&3\\8&2&3\\-2&1&0\end{pmatrix}$.

实训 3

1.(1)$\begin{pmatrix}0&0\\0&0\end{pmatrix}$； (2)$\begin{pmatrix}1&3n\\0&1\end{pmatrix}$； (3)$\begin{pmatrix}a^n&0&0\\0&b^n&0\\0&0&c^n\end{pmatrix}$.

(4)当 $n=1$ 时,值为原矩阵;当 $n=2$ 时,$\begin{pmatrix}0&1&0&0\\0&0&1&0\\0&0&0&1\\0&0&0&0\end{pmatrix}^n=\begin{pmatrix}0&0&1&0\\0&0&0&1\\0&0&0&0\\0&0&0&0\end{pmatrix}$.

当 $n=3$ 时,$\begin{pmatrix}0&1&0&0\\0&0&1&0\\0&0&0&1\\0&0&0&0\end{pmatrix}^n=\begin{pmatrix}0&0&0&1\\0&0&0&0\\0&0&0&0\\0&0&0&0\end{pmatrix}$;当 $n\geqslant4$ 时,为零矩阵.

2.(1) $\begin{pmatrix}820&655&335\\82&76&33.8\\840&770&346\end{pmatrix}$,其中第1、2、3列分别表示北美、欧洲、非洲;第1、2、3行分别表示价值、重量、体积.

(2) $\begin{pmatrix}1\,810\\191.8\\1\,956\end{pmatrix}$,其中第1、2、3行分别表示总价值、总重量、总体积.

7.3

实训1

1.(1)非零子式; (2)$r+1$; (3)全为零; (4)$\geqslant$.

2. $\begin{pmatrix}1&0&1\\0&1&-2\\0&0&2\end{pmatrix}$. 3. $\begin{pmatrix}1&0&0\\0&2&0\\0&0&0\\0&0&0\\0&0&0\end{pmatrix}$. 4. 1.

实训2

1.(1)3; (2)1; (3)2.

2.无解. 3. $\begin{cases}x_1=c-2,\\x_2=-2c+3,\\x_3=c.\end{cases}$

实训3

1.3 2. $k=-3$ 时 方程组有非零解;方程组的解为 $\begin{cases}x_1=-c,\\x_2=c,\\x_3=c,\end{cases}$ (c 为任意常数).

7.4

实训1

1.略 2.(1) $\begin{pmatrix}-1&2\\\frac{3}{2}&-\frac{5}{2}\end{pmatrix}$; (2)不可逆; (3)不可逆.

3. $\begin{pmatrix} 1 & 0 & 0 \\ -\frac{1}{2} & \frac{1}{2} & 0 \\ 0 & -\frac{1}{3} & \frac{1}{3} \end{pmatrix}$.

实训 2

1. $\begin{pmatrix} -7 & -2 & 9 \\ 5 & 1 & -5 \end{pmatrix}$.　2. $\begin{pmatrix} 1 & 2 \\ 3 & 4 \end{pmatrix}$.

实训 3

1.(1) $\begin{pmatrix} 0 & 0 & -1 & 1 \\ 0 & -1 & 1 & 0 \\ -1 & 1 & 0 & 0 \\ 1 & 0 & 0 & 0 \end{pmatrix}$；(2) $\begin{pmatrix} 1 & -2 & 0 & 0 \\ -2 & 5 & 0 & 0 \\ 0 & 0 & \frac{1}{3} & \frac{2}{3} \\ 0 & 0 & -\frac{1}{3} & \frac{1}{3} \end{pmatrix}$.

2.(1) $\begin{pmatrix} 0 & 1 & 0 \\ -1 & 2 & -1 \end{pmatrix}$；(2) $\begin{pmatrix} 3 & -1 \\ 2 & 0 \\ 1 & -1 \end{pmatrix}$.

7.5

实训 1

1. (1)4；(2)6；2.略.

实训 2

1. $\begin{pmatrix} 9 & 0 & 0 \\ 0 & 9 & 0 \\ 0 & 0 & 9 \end{pmatrix}$.　2. $\boldsymbol{A}^{-1}=\begin{pmatrix} 1 & -1 & 0 & 0 \\ -1 & 2 & 0 & 0 \\ 0 & 0 & -5 & 3 \\ 0 & 0 & 2 & -1 \end{pmatrix}$.

实训 3

1. C.

2. $\boldsymbol{A}^{-1}=\begin{pmatrix} 3 & 9 & 4 & -5 \\ -2 & -5 & -2 & \frac{5}{2} \\ -2 & -7 & -3 & 4 \\ 0 & 0 & 0 & \frac{1}{2} \end{pmatrix}$.

8.1

实训 1

1. 0.　2. 线性表示.　3. 线性相关.　4. 线性无关.　5. 线性表示.

6. $r(\boldsymbol{\alpha}_1,\cdots,\boldsymbol{\alpha}_m,\boldsymbol{\beta})=r(\boldsymbol{\alpha}_1,\cdots,\boldsymbol{\alpha}_m)$.　7. $r(\boldsymbol{\alpha}_1,\cdots,\boldsymbol{\alpha}_m,\boldsymbol{\beta}_1,\cdots,\boldsymbol{\beta}_s)=r(\boldsymbol{\alpha}_1,\cdots,\boldsymbol{\alpha}_m)$.

8. $r(\boldsymbol{\alpha}_1,\cdots,\boldsymbol{\alpha}_m,\boldsymbol{\beta}_1,\cdots,\boldsymbol{\beta}_s)=r(\boldsymbol{\alpha}_1,\cdots,\boldsymbol{\alpha}_m)=r(\boldsymbol{\beta}_1,\cdots,\boldsymbol{\beta}_s)$.

9. $\leqslant$.　　10. $=$.

实训 2

1. $\boldsymbol{\beta}=2\boldsymbol{\alpha}_1+3\boldsymbol{\alpha}_2+4\boldsymbol{\alpha}_3$.

2. $\boldsymbol{\beta}$ 不能表示为 $\boldsymbol{\alpha}_1,\boldsymbol{\alpha}_2,\boldsymbol{\alpha}_3$ 的线性组合.

3. $\boldsymbol{\beta}=\frac{1}{2}\boldsymbol{\alpha}_1+\frac{1}{2}\boldsymbol{\alpha}_2+0\boldsymbol{\alpha}_3$.

实训 3

(1)$\lambda=-3$； (2)$\lambda\neq0$ 且 $\lambda\neq-3$； (3)$\lambda=0$.

8.2

实训 1

1. B.　　2. A.　　3. B.　　4. C.　　5. $\boldsymbol{Ax}=\boldsymbol{b}$.　　6. 2.

实训 2

1. $\boldsymbol{\eta}_1=\begin{pmatrix}2\\1\\0\\0\end{pmatrix},\boldsymbol{\eta}_2=\begin{pmatrix}\frac{2}{7}\\0\\-\frac{5}{7}\\1\end{pmatrix},\boldsymbol{\eta}=c_1\boldsymbol{\eta}_1+c_2\boldsymbol{\eta}_2$（$c_1,c_2$ 为任意常数）.

2. 无解.

实训 3

1. $\boldsymbol{x}=\boldsymbol{\eta}^*+k\boldsymbol{\xi}=[1,0,-1,2]^{\mathrm{T}}+k[1,1,2,1]^{\mathrm{T}}$.

2. $\boldsymbol{\eta}_1=\begin{pmatrix}1\\-2\\1\\0\\0\end{pmatrix},\boldsymbol{\eta}_2=\begin{pmatrix}1\\-2\\0\\1\\0\end{pmatrix},\boldsymbol{\eta}_3=\begin{pmatrix}5\\-6\\0\\0\\1\end{pmatrix};\boldsymbol{\gamma}=\boldsymbol{\gamma}_0+c_1\boldsymbol{\eta}_1+c_2\boldsymbol{\eta}_2+c_3\boldsymbol{\eta}_3$（$c_1,c_2,c_3$ 为任意常数）.

参考书目

[1] 白健,胡桂萍.高等数学基础[M].上海:上海科学技术出版社,2013.

[2] 胡桂萍,白健.高等数学基础解析与实训[M].上海:上海科学技术出版社,2013.

[3] 同济大学应用数学系.高等数学[M].北京:高等教育出版社,2002.

[4] 刘严.新编高等数学(第六版)[M].大连:大连理工大学出版社,2012.

[5] 覃海英.高等数学(理工类)[M].北京:北京交通大学出版社,2010.

[6] 王振基,等.高等数学及其应用[M].北京:北京理工大学出版社,2012.

[7] 杜庆.高等应用数学基础[M].北京:北京交通大学出版社,2010.

[8] 张禾瑞.高等代数[M].北京:高等教育出版社,1983.

[9] 康永强.经济数学与数学文化[M].北京:清华大学出版社,2011.

[10] 马来焕.高等应用数学[M].北京:机械工业出版社,2008.

[11] 侯风波.应用数学(经济类)[M].北京:科学出版社,2007.

[12] 何春辉,赵俊修.高等数学[M].北京:北京理工大学出版社,2008.

[13] 侯风波.经济数学[M].沈阳:辽宁大学出版社,2006.

[14] 同济大学数学系.大学数学教程(第一版)[M].杭州:浙江大学出版社,2011.

[15] 刘克敏.高等数学(上册)(第一版)[M].北京:科学出版社,2004.

[16] 胡桂萍,白健.高等数学基础(修订版)[M].天津:天津大学出版社,2015.